走进化学世界丛书

神奇的生物化学

SHENQI DE SHENGWU HUAXUE

○创意新颖　○主题热门　○图文并茂

本书编写组 ◎ 编

世界图书出版公司
广州·北京·上海·西安

图书在版编目（CIP）数据

神奇的生物化学／《神奇的生物化学》编写组编著
．—广州：广东世界图书出版公司，2010.2（2024.2重印）
　ISBN 978－7－5100－1634－9

　Ⅰ．①神… Ⅱ．①神… Ⅲ．①生物化学－青少年读物
Ⅳ．①Q5－49

中国版本图书馆 CIP 数据核字（2010）第 024718 号

书　　名	神奇的生物化学 SHENQI DE SHENGWU HUAXUE
编　　者	《神奇的生物化学》编写组
责任编辑	王　琴
装帧设计	三棵树设计工作组
出版发行	世界图书出版有限公司　世界图书出版广东有限公司
地　　址	广州市海珠区新港西路大江冲 25 号
邮　　编	510300
电　　话	020-84452179
网　　址	http://www.gdst.com.cn
邮　　箱	wpc_gdst@163.com
经　　销	新华书店
印　　刷	唐山富达印务有限公司
开　　本	787mm×1092mm　1/16
印　　张	10
字　　数	120 千字
版　　次	2010 年 2 月第 1 版　2024 年 2 月第 12 次印刷
国际书号	ISBN 978-7-5100-1634-9
定　　价	48.00 元

版权所有　翻印必究

（如有印装错误，请与出版社联系）

前 言
PREFACE

  生物化学这一名词大约出现在 19 世纪末 20 世纪初，这是一门用化学的原理和方法，研究生命现象的学科，通过研究生物体的化学组成、代谢、营养、酶功能、遗传信息传递、生物膜、细胞结构及分子病等阐明生命现象。

  生物化学影响甚广，首先反映在与其关系比较密切的细胞学、微生物学、遗传学、生理学等领域，使人们对生命本质的认识跃进到一个崭新的阶段。生物学中一些看来与生物化学关系不大的学科，如分类学和生态学，甚至在探讨人口控制、世界食品供应、环境保护等社会性问题时都需要从生物化学的角度加以考虑和研究。

  生物化学是在医学、农业、工业和国防部门的生产实践的推动下成长起来的，反过来，它又促进了这些部门生产实践的发展。

  农业是立国之本，高产农作物新品种的培育和开发依赖于生物化学的基本原理和技术方法。农业生产中的两个重要问题即光合作用和氮素固定，这是制约农业生产提高的重要因素。随着生化研究的进一步发展，不仅可望采用基因工程的技术获得新的动植物良种和实现粮食作物的固氮，而且有可能在掌握了光合作用机理的基础上，使整个农业生产的面貌发生根本的改变。

  研究新陈代谢规律及其调控是开发微生物发酵工业的基础。氨基酸、酶、抗生素、植物生长激素、维生素 C 等也可通过微生物发酵手段进行生产。发酵产物的提炼和分离及下游加工技术也必须依赖于生物化学理论和技术。近代发酵工业、生物制品及制药工业等均创造了相当巨大的经济价值，特别是固定化酶和固定化细胞技术的应用更促进了酶工业和发酵工业的发展。

  从医学方面讲，人或动物的病理状态常常是由于细胞中化学成分的变化，从而引起功能的紊乱。血液中脂类物质含量增高是心血管疾病的特征之一；

血红蛋白一级结构的改变可以溶血，如人被毒蛇咬伤后置人丧命，是由于蛇毒液中含有磷酸二酯酶，使血细胞溶血所致等，许多疾病的临床诊断愈来愈多地依赖于生化指标的测定。

生化药物是一类采用生化方法化学合成从生物体分离、纯化所得并用于预防、治疗和诊断疾病的生化基本物质。这些药物的特点是来自生物体，基本生化成分即氨基酸、肽、蛋白质、酶与辅酶、多糖（粘多糖类）脂质、核酸及其降解产物。这些物质成分均具有生物活性或生理功能，毒副作用极小，药效高而被服用者接受。

高新技术产业蓬勃发展，同时也给人类居住的环境产生巨大的污染，严重危害人类的生存。用一些生化技术进行三废处理、水质净化等，效果非常好，如筛选良好的微生物菌株进行转化，或微生物发酵产物进行对"三废"处理。

在国防方面，防生物战、防化学战和防原子战中提出的课题很多与生物化学有关，如射线对于机体的损伤及其防护；神经性毒气对胆碱酯酶的抑制及解毒等。

此外，还有航空航天事业、海洋资源的开发利用都离不开生物化学及由它发展起来的生物化学工程技术。

不过，生物化学也是一把双刃剑，生化武器就是一种大规模杀伤性武器，危害巨大而深远，人神共愤。1972 年联合国签订了禁止试制、生产和储存并销毁细菌（生物）和毒素武器的国际公约。

总而言之，由于现代工业、农业的发展，产生了许多新的威胁人类生存的重要问题，如人口与健康、粮食与农业、环境、资源、能源等。这些问题仅靠物理、化学等学科是无法解决的，在很大程度上要依靠生命科学。人类自然科学史上的三大计划之一的人类基因组计划也反映了生命科学后来居上。生命科学已经所以成为 21 世纪领头学科，其核心是生物化学引人瞩目的发展和其所涉及的广泛领域，并必将在这些领域发挥不可估量的巨大作用。

生物化学的入门知识

生命的基本单位——细胞 ·· 2
生命的物质基础——蛋白质 ·· 8
遗传物质——核酸 ·· 10
DNA 双螺旋结构 ·· 11
DNA 复制 ··· 13
遗传信息的载体——RNA ·· 16
最小的细胞器——核糖体 ·· 18
生命的能量——糖 ·· 20
人体的燃料——脂肪 ··· 25
输送能量的 ATP ··· 26
生物催化剂——酶 ·· 29
参与蛋白质合成的氨基酸 ·· 32
维持生命的物质——维生素 ··· 34
起着调控作用的激素 ··· 40
孟德尔发现遗传的奥秘 ··· 44
遗传信息的基本单位——基因 ·· 46
对基因认识的不断深化 ··· 48
基因的分类 ·· 49
基因突变 ··· 52
巴斯德与疾病细菌学说 ··· 55

生物化学的内容 ················· 57

医学领域里的生物化学

令人恐怖的SARS ················· 61
遗传因素引起分子病 ················· 63
流感与艾滋病的致病机理 ················· 65
小儿麻痹症 ················· 67
向病根开刀的基因疗法 ················· 69
综合疗法治癌症 ················· 71
恶魔的产品——生化病毒 ················· 74
感冒病毒感冒了 ················· 76
青霉素的发明与应用 ················· 77
遗传病与基因 ················· 80
破译幽门螺旋菌基因组之谜 ················· 82
非同一般药物的生物制品 ················· 85
"人体器官再造"技术 ················· 87
生物导弹——单克隆抗体 ················· 89
伟大的人类基因组计划 ················· 91

生物化学在各行业的应用

胚胎工程的应用 ················· 95
蛋白质工程的应用 ················· 97
基因工程的应用 ················· 99
基因探针技术 ················· 101
转基因作物 ················· 107
转基因食品 ················· 108
微生物工程的应用 ················· 110
微生物酶制剂 ················· 112
琥珀酸脱氢酶提纯技术 ················· 114
抗体酶的应用 ················· 115

乳酸菌的应用 …………………………………… 116
DNA 指纹技术 …………………………………… 118
细胞融合技术 …………………………………… 120
生物膜技术 ……………………………………… 122
身手不凡的液膜 ………………………………… 123
克隆技术 ………………………………………… 124

生物化学漫谈

生命起源的化学历程 …………………………… 128
会"自杀"的基因种子 ………………………… 132
克隆羊多利的生与死 …………………………… 133
企鹅的脚为何不怕冷 …………………………… 138
洗涤剂中的生物化学 …………………………… 140
为何近亲不宜婚配 ……………………………… 141
小孩为何易感冒 ………………………………… 144
醋与健康 ………………………………………… 145
隔夜茶不能喝吗 ………………………………… 147
生气为何使食欲不振 …………………………… 149
醉酒是怎么回事 ………………………………… 150
鱼为何比肉易变质 ……………………………… 151
晕车是怎么回事 ………………………………… 152

生物化学的入门知识

SHENGWU HUAXUE DE RUMEN ZHISHI

生物化学主要研究生物体分子结构与功能、物质代谢与调节以及遗传信息传递的分子基础与调控规律。

生物体是由一定的物质成分按严格的规律和方式组织而成的。人体约含水55%～67%，蛋白质15%～18%，脂类10%～15%，无机盐3%～4%及糖类1%～2%等。从这个分析来看，人体的组成除水及无机盐之外，主要就是蛋白质、脂类及糖类三类有机物质。其实，除此三大类之外，还有核酸及多种有生物学活性的小分子化合物，如维生素、激素、氨基酸及其衍生物、肽、核苷酸等。

物质代谢的调节控制是生物体维持生命的一个重要方面。物质代谢中绝大部分化学反应是在细胞内由酶促成，而且具有高度自动调节控制能力。这是生物的重要特点之一。

基因是遗传的物质基础，是DNA分子上具有遗传信息的特定核苷酸序列的总称。基因通过复制把遗传信息传递给下一代，使后代出现与亲代相似的性状。基因是生命的密码，记录和传递着遗传信息。生物体的生、长、病、老、死等一切生命现象都与基因有关。

生命的基本单位——细胞

人们很早就在探索生物体是如何构成的，可是，由于科学技术不够发达，一直没有找到答案。直到1665年，英国建筑师罗伯特·胡克使用自制的显微镜，观察到软木薄片上有许多像蜂窝一样的小格子，并将其命名为细胞，即小室的意思。此后，在一代又一代科学家的不懈努力下，人们终于意识到生物体在构成上有一个共同点，即无论动物，还是植物，都是由细胞构成的。19世纪30年代，德国科学家施莱登和施旺提出了细胞学说，认为一切动物和植物都是细胞的集合体，细胞是生命的基本单位。这一学说被誉为19世纪自然科学的三大发现之一。但是由于时代的局限性，这个学说并没有将微生物包括进去。其实，早在胡克发现细胞之前，另一个荷兰科学家列文虎克已发现到微生物的存在，但是微生物学直到19世纪末才发展起来，现在大家都知道，除了病毒和类病毒外，其他一切生物均是由细胞构成的。

细胞结构

虽然生物体大都是由细胞构成的，可是不同的细胞却是形态各异。就样子来说，有圆的、方的、长条状的、星状的等各种不规则形状。就大小来说，最大的细胞如卵细胞（鸵鸟卵细胞直径可达十几厘米），最小的细胞直径仅1

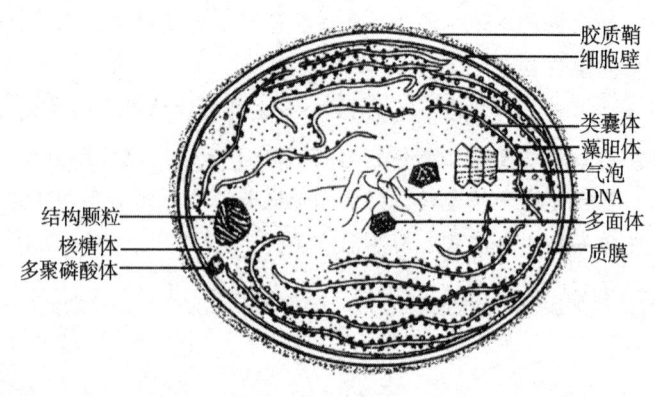

细胞结构

微米左右，是前者的一百万分之一。但是这些细胞在构成上却是相似的。

在电子显微镜发明之前，人们在光学显微镜下，看到动物细胞是由细胞核、细胞质和细胞膜三部分构成的，植物细胞则还有细胞壁和细胞液泡、叶绿体等结构。细胞质中隐隐约约还有一些结构。于是人们继续改进显微镜的制造工艺，不断提高放大倍数，可是后来却发现放大倍数一旦超过 1500 倍影像会变得很模糊（这是因为光波波长太长所致）。电子显微镜出现之后，对细胞的结构的了解可谓突飞猛进，目前科学家发现细胞主要是由下列几部分构成的：

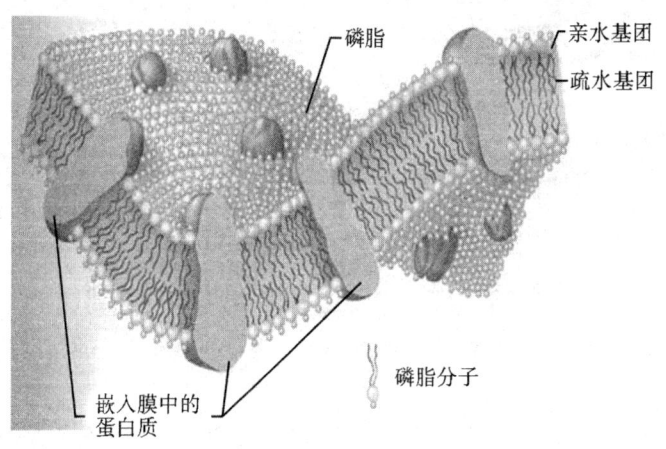

细胞膜结构

细胞膜或质膜

细胞膜是包围在细胞表面的极薄的膜，电子显微镜下呈三层结构，目前认为细胞膜是由磷脂双分子层和镶嵌在上面的蛋白质分子构成的。蛋白质分子分布在内外表面，种类繁多，有的是物质进出细胞膜的运输工具，称为载体，有的则是某种物质的专一性结合物，称为受体，等等。并且各种分子之间相互位置不是固定不变的，而是有一定的流动性。现在认为，细胞膜具有控制物质进出、信息传递、代谢调控识别与免疫等多种功能。

细胞质

细胞质是指细胞膜以内除细胞核以外的部分。其中有许多种细胞器。

内质网：是一种小管小囊等构成的，有的上面附有许多核糖体，在切片上看像结满了果实的枝条，称为粗面内质网。有的则没有核糖体，称为滑面内质网。它们和蛋白的质合成，各种物质的合成、储运有关。

高尔基体：高尔基体像一堆大小不同的皮球压扁后堆放在一起，它们能把内质网合成而来的蛋白质做进一步加工之后转运出去，此外，对摄入的脂类有储存和加工作用。

线粒体：线粒体多呈小短棍状或球状，具有双层膜，内膜向内突起形成一些隔，称为线粒体嵴。它是细胞的动力工厂，能将许多物质氧化并产生能量，储存在 ATP 上。

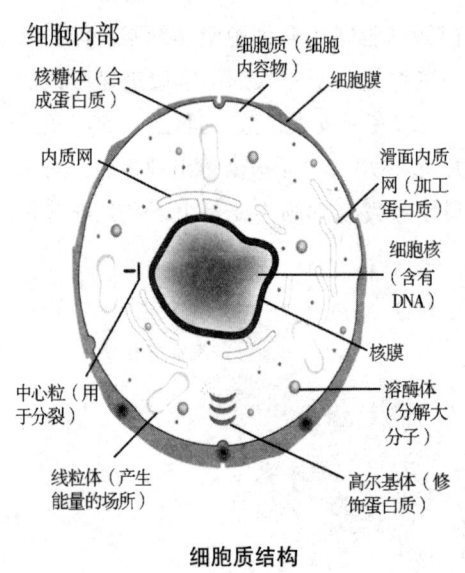

细胞质结构

中心粒：中心粒呈小管状，是由许多根更小的小管组成的，和有丝分裂有关。

除此之外，细胞内还有溶酶体、质体等细胞器，它们也各有重要功能。

线粒体

线粒体（mitochondria）常为杆或椭圆形，横径为 $0.5 \sim 1 \, \mu m$，长 $2 \sim 6 \, \mu m$，但在不同类型细胞中线粒体的形状、大小和数量差异甚大。电镜下，线粒体具有双层膜，外膜光滑，厚 $6 \sim 7 \, \mu m$，膜中有 $2 \sim 3 \, \mu m$ 小孔，分子量为 1 万以内的物质可自由通过；内膜厚 $5 \sim 6 \, \mu m$，通透性较小。外膜与内膜之间有约 $8 \, \mu m$ 膜间腔或称外腔。由膜向内折叠形成线粒体嵴，嵴之间为嵴间腔或称内腔，充满线粒体基质。基质中常可见散在的、直径 $25 \sim 50 \, \mu m$、电子致密的嗜锇酸基质颗粒，主要由磷脂蛋白组成，并含有钙、镁、磷等元素。基质中除基质颗粒外还含有脂类、蛋白质、环状 DNA 分子核糖体。线粒体嵴膜上有许多有柄小球体，即基粒，其直径为 $8 \sim 10 \, \mu m$，它由头、柄和基片三部分组成。球形的头与柄相连而突出于内膜表面，基片镶嵌于膜脂中。

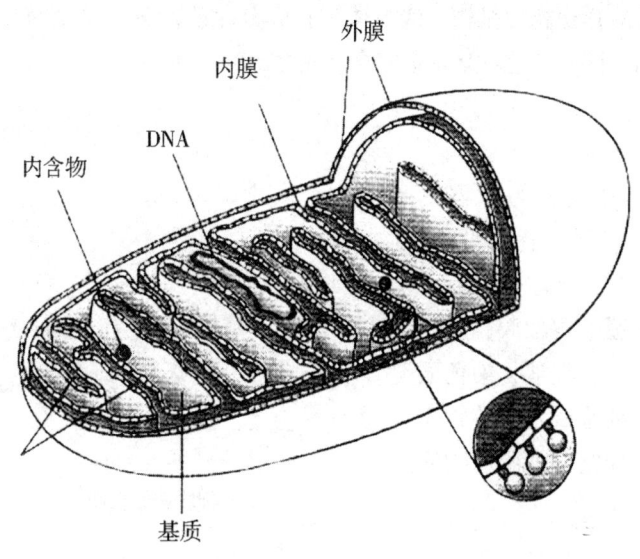

线粒体结构

基粒中含有 ATP 合成酶，能利用呼吸链产生的能量合成 ATP，并把能量贮存于 ATP 中。细胞生命活动所需能量的约 95% 由线粒体以 ATP 的方式提供，因此，线粒体是细胞能量代谢中心，由于线粒体嵴实为扩大了内膜面积，故细胞代谢率高，耗能多。嵴多而密集大部分细胞的线粒体嵴为板层状。杆状线粒体的嵴多与其长轴垂直排列，圆形线粒体的嵴多以周围向中央放射状排列；在少数细胞，主要是分泌类固醇激素的细胞（如肾上腺皮质细胞等），线粒体嵴多呈管状或泡状；有些细胞（如肝细胞）的线粒体兼有板层状和管状两种。

线粒体的另一个功能特点是可以合成一些蛋白质。目前推测，在线粒体中合成的蛋白质约占线粒体全部蛋白的 10%，这些蛋白疏水性强，和内膜结合在一起。线粒体合成蛋白质均是按照细胞核基因组的编码指导合成。如果没有细胞核遗传系统，线粒体 RNA 则不能表达。因此表明线粒体合成蛋白质的半自主性。

关于线粒体形成的机制，较普遍接受的看法是线粒体依靠分裂而进行增殖。线粒体的发生过程可分为两个阶段：在第一阶段中，线粒体的膜进行生长和复制，然后分裂增殖；第二阶段包括线粒体本身的分化过程，建成能够行使氧化磷酸化功能的机构。线粒体生长和分化阶段分别接受两个独立遗传系统的控制，因此，它不是一个完全自我复制的实体。

细胞核

细胞核是细胞的中枢部分，其形状各异，有球形的、椭圆形的、不规则形状的等。外面有一层膜，称核膜，核内则可分为核仁、核液、染色质等几部分。细胞核是遗传物质的储存处，控制着细胞内物质合成和细胞代谢。

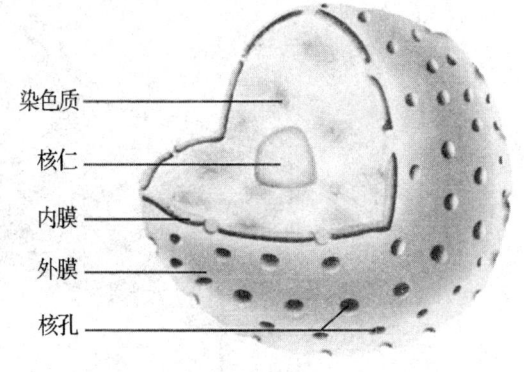

细胞核结构图

组成细胞的化合物

细胞中常见的化学元素有20多种，这些组成生物体的化学元素虽然在生物体体内有一定的生理作用，但是单一的某种元素不可能表现出相应的生理功能。这些元素在生物体特定的结构基础上，有机地结合成各种化合物，这些化合物与其他的物质相互作用才能体现出相应的生理功能。组成细胞的化合物大体可以分为无机化合物和有机化合物。无机化合物包括水和无机盐；有机化合物包括蛋白质、核酸、糖类和脂质。水、无机盐、蛋白质、核酸、糖类、脂质等有机地结合在一起才能体现出生物体的生命活动。现将这些化合物总结如下：

水：占85%~90%。

无机化合、无机盐：占1%~1.5%。

蛋白质：占7%~10%。

有机化合物、脂质：占1%~2%。

糖类和核酸：占1%~1.5%。

在组成的化合物中含量最多的是水，但是在细胞的干重中，含量最多的化合物是蛋白质，占干重的50%以上。

细胞的基本共性

1. 所有的细胞表面均有由磷脂双分子层与镶嵌蛋白质及糖被构成的生物膜，即细胞膜。
2. 所有的细胞都含有两种核酸，即 DNA 与 RNA。
3. 作为遗传信息复制与转录的载体。
4. 作为蛋白质合成的机器——核糖体，毫无例外地存在于一切细胞内。
5. 所有细胞的增殖都以一分为二的方式进行分裂。
6. 细胞都具有选择透性的膜结构，即细胞膜。
7. 细胞都具有遗传物质，即 DNA。
8. 细胞都具有核糖体，是蛋白质合成的机器，在细胞遗传信息流的传递中起重要作用。
9. 能进行自我增殖和遗传。
10. 新陈代谢。
11. 细胞都具有运动性，包括细胞自身的运动和细胞内部的物质运动。

列文虎克

列文虎克，（1632—1723 年）荷兰显微镜学家、微生物学的开拓者。由于勤奋及所特有的天赋，他磨制的透镜远远超过同时代人。他一生磨制了 400 多个透镜，有一架简单的透镜，其放大率竟达 270 倍。

他对于在放大镜下所展示的微观世界非常有兴趣，观察的对象非常广泛，有晶体、矿物、植物、动物、微生物、污水等。1674 年他开始观察细菌和原生动物，即他所谓的"非常微小的动物"。1677 年他首次描述了昆虫、狗和人的精子。1702 年他在细心观察了轮虫以后，指出在所有露天积水中都可以找到微生物，因为这些微生物附着在微尘上、飘浮于空中并且随风转移。他追踪观察了许多低等动物和昆虫的生活史，证明它们都自卵孵出并经历了幼虫等阶段，而不是从沙子、河泥或露水中自然发生的。

生命的物质基础——蛋白质

蛋白质这个名词对许多人都不陌生。"高蛋白"几乎成了高营养的代名词。可是蛋白质在生物学上的重要性倒不在于营养方面,而是因为它是生命功能的执行者。

可以把生命现象看成是最高级的运动形式,这种运动形式的实现每一步都离不开蛋白质。

酶是最重要的蛋白质,生物体内所进行的各种化学反应大都需要酶来催化。

小分子物质在体内的运输也是靠蛋白质来完成的。不但如此,动物机体的运动,如肌肉的收缩是靠几种蛋白质的相对滑动来实现的。生物体的防御系统依靠抗体、干扰素等来发挥作用,它们都是蛋白质。

近年来还发现人类的记忆、思维等高级神经活动的实质也是蛋白质运动。遗传信息通过控制蛋白质合成而表现出相应性状,但这一过程同样还受蛋白质的调节。所以说,蛋白质是生命功能的最主要的执行者。

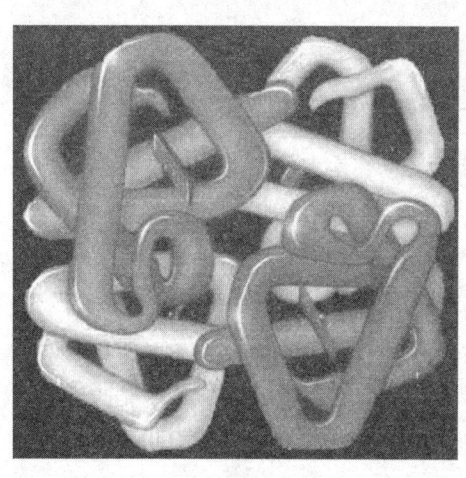

蛋白质四聚体

20世纪60年代初兴起的分子生物学前期主要是开展对核酸的研究。如今,分子生物学的研究重点已经逐渐转移到蛋白质上来。因为核酸只是生物体这座大厦的图纸,而真正构筑起大厦并行使着各种功能的主要还是蛋白质。

蛋白质是一类含氮的生物高分子,它的基本组成单位是氨基酸。氨基酸上都有氨基和羧基两个基因,不同的氨基酸就靠这两个基团脱水缩合而连接起来。构成蛋白质的氨基酸共有20种,其中有8种是人体内无法合成的,需从食物中摄取,称

为必需氨基酸。不同氨基酸的氨基和羧基脱水缩合而成一条氨基酸残基链，称为肽链，一条或几条肽链以某种方式组合成有生物活性的分子就是蛋白质。

人们把蛋白质的结构按其组成层次分为一级结构、二级结构、三级结构和四级结构。一级结构就是指肽链的氨基酸残基的顺序。肽链上的氨基酸并不是笔直地排在一起，而是具有各种折叠、盘绕方式。有的像弹簧一样螺旋上升，也有的呈折叠状，称为二级结构。在这个基础上肽链再进行卷曲和折叠，形成特定构象，称为三级结构。有的蛋白质分子是由几个具有三级结构的分子再聚合而成的，这种结构就称为四级结构。

蛋白质可以分为两大类：一类是简单蛋白质，它们的分子只由氨基酸组成；另一类是结合蛋白质，这类蛋白质部分和非蛋白质部分的组成结构比较复杂。

简单蛋白质包括清蛋白、球蛋白、精蛋白等几类。临床常用的白蛋白、丙种球蛋白等都是简单蛋白质。

结合蛋白质有核蛋白、糖蛋白、脂蛋白、色蛋白等。许多种酶、膜蛋白等多种蛋白质均是结合蛋白质。细胞中的核糖体也是一种核蛋白。

蛋白质缺乏症

蛋白质缺乏在成人和儿童中都有发生，但处于生长阶段的儿童更为敏感。蛋白质的缺乏常见症状是代谢率下降，对疾病抵抗力减退，易患病，远期效果是器官的损害，常见的是儿童的生长发育迟缓、体质量下降、淡漠、易激怒、贫血以及干瘦病或水肿，并因为易感染而继发疾病。蛋白质的缺乏，往往又与能量的缺乏共同存在即蛋白质—热能营养不良，分为两种：一种指热能摄入基本满足而蛋白质严重不足的营养性疾病，称加西卡病；另一种即为"消瘦"，指蛋白质和热能摄入均严重不足的营养性疾病。

人体对蛋白质的需要不仅取决于蛋白质的含量，而且还取决于蛋白质中所含必需氨基酸的种类及比例。一般而言，由于动物蛋白质所含氨基酸的种类和比例较符合人体需要，所以动物性蛋白质比植物性蛋白质营养价值高。

遗传物质——核酸

核酸是在科学家们研究细胞核时被发现的，也就是说，核酸是从细胞核里提取出来的一种酸性物质，所以称之为核酸。核酸有两大类：一种是脱氧核糖核酸，简称 DNA；一种是核糖核酸，简称 RNA。我们通常意义下的核酸，就是指 DNA，它在细胞里含量极少，如果要提出它，比沙里淘金还难。一个鸡蛋里 DNA 的含量占鸡蛋总量的 20 万分之一，换句话说，20 万个鸡蛋里的 DNA 的重量，只相当于 1 个鸡蛋，实在太少了。

在低等细胞，如支原体和细菌中，DNA 不和其他分子结合而独立活动。但在动植物、真菌、酵母及高等藻类中，DNA 大部分存在于细胞核内的染色体上，它与蛋白质结合成核蛋白。核酸（DNA）是由成千甚至上百万个核苷酸组成。那么，我们可以打个不太恰当的比方：染色体像一座由许多房间组成的大楼，基因就像一个一个的房间，而核苷酸就像一块一块的砖。

现在，让我们来考察一下染色体这座大楼，考察一下每个房间的建筑材料的砖块——核苷酸。取下一块砖来粉碎，我们看到，这块砖是由磷酸、戊糖、有机碱 3 种不同原料构成的。它们三者是怎样组成核苷酸的呢？有机碱是一种含氧的环状分子，它和戊糖结合成碱基，又称核苷，核苷再与磷酸结合，就成了核苷酸了，这样造楼的一块砖就做好了。核苷酸的性质是由碱基决定的，组成 DNA 的碱基共有 4 种：腺嘌呤（A）、胸腺嘧啶（T）、胞嘧啶（C）、鸟嘌呤（G）。

最后，我们再来看看核苷酸是怎样砌"墙"以及"墙"的形状是怎么样的？我们已知道，这个"墙"即是核酸 DNA。科学家告诉我们，DNA 的分子结构呈双螺旋结构，DNA 分子有两条核苷酸链，每条链由一个接一个的核苷酸组成，连接得非常稳，两条链并排盘绕成双螺旋，像一个拧成麻花状的梯子。磷酸和糖构成了梯子两边的骨干，碱基双双相对地排列着，形成了梯子骨干间的横干。

不过，你不能用它来上楼，因为它太窄了，这架梯子宽 20 埃（1 埃相当于 1/10），连最小的人的一只脚都放不下。实验证明，嘌呤分子和嘧啶分子大小是不一样的，嘌呤大，嘧啶小。如果两个嘌呤分子相连，超过 20 埃，梯子

就不够宽；如果两个嘧啶分子相连，又达不到梯子的宽度。因此，可以设想是一个嘌呤与一个嘧啶相连，构成了梯子间的横干。另外，虽然不同生物的核苷酸成分不同，但每种生物的DNA中，C的含量一定与G相同，A的含量一定与T相等，这样C与G、A与T相互配对时，才不致有谁多了而遭冷落。由于碱基实行这种互补配对，我们就可以在知道了一条链上的碱基序列后，而推知另一条链上的碱基序列。如一条链上碱基序列是AGACTG，那另一条链上的碱基序列必定是TCTGAC。碱基配对，这就是建造染色体这座大楼时采用的砌砖方法。

亲子鉴定

亲子鉴定就是利用医学、生物学和遗传学的理论和技术，从子代和亲代的形态构造或生理机能方面的相似特点，分析遗传特征，判断父母与子女之间是否是亲生关系。现代亲子鉴定包括血型测试、染色体多态性鉴定、DNA鉴定等。

其中用得最多的是DNA分型鉴定。人的血液、毛发、唾液、口腔细胞及骨头等都可以用于亲子鉴定，十分方便。一个人有23对染色体，同一对染色体同一位置上的一对基因称为等位基因，一般一个来自父亲，一个来自母亲。如果检测到某个DNA位点的等位基因，一个与母亲相同，另一个就应与父亲相同，否则就存在疑问了。DNA亲子鉴定，否定亲子关系的准确率几近100%，肯定亲子关系的准确率可达到99.99%。

DNA双螺旋结构

DNA双螺旋结构

DNA双螺旋：一种核酸的构象。在该构象中，两条反向平行的多核苷酸链相互缠绕形成一个右手的双螺旋结构。碱基位于双螺旋内侧，磷酸与糖基在外侧,通过磷酸二酯键相连,形成核酸的骨架。碱基平面与假象的中心轴垂直,糖环平面则与轴平行,两条链皆为右手螺旋。双螺旋的直径为 2 μm,碱基堆积距离为 0.34 μm,两核甘酸之间的夹角是 36°,每对螺旋由 10 对碱基组成,碱基按 A－T,G－C 配对互补,彼此以氢键相联系。维持 DNA 双螺旋结构的稳定的力主要是碱基堆积力。双螺旋表面有两条宽窄、深浅不一的一个大沟和一个小沟。

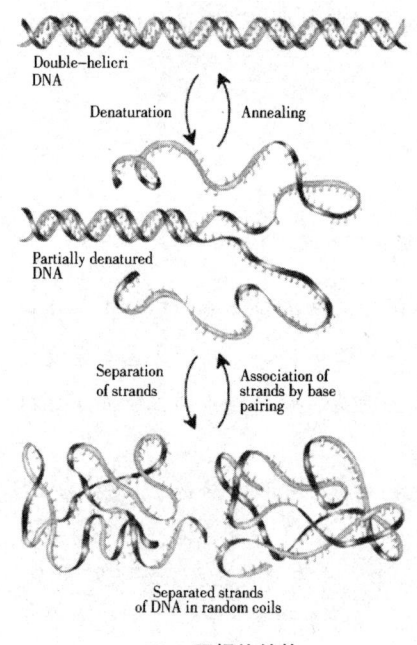

DNA 双螺旋结构

大沟和小沟:绕 B－DNA 双螺旋表面上出现的螺旋槽(沟),宽的沟称为大沟,窄沟称为小沟。大沟、小沟都是由于碱基对堆积和糖－磷酸骨架扭转造成的。

DNA 超螺旋:DNA 本身的卷曲一般是 DNA 双螺旋的弯曲欠旋(负超螺旋)或过旋(正超螺旋)的结果。

1953 年 4 月 25 日,克里克和沃森在英国杂志《自然》上公开了他们的 DNA 模型。经过在剑桥大学深入学习后,两人将 DNA 的结构描述为双螺旋,在双螺旋的两部分之间,由 4 种化学物质组成的碱基对扁平环连接着。他们谦逊地暗示说,遗传物质可能就是通过它来复制的。这一设想的意味是令人震惊的:DNA 恰恰就是传承生命的遗传模板。

1953 年沃森和克里克提出著名的 DNA 双螺旋结构模型,他们构造出一个右手性的双螺旋结构。当碱基排列呈现这种结构时分子能量处于最低状态。沃森后来撰写的《双螺旋:发现 DNA 结构的故事》(科学出版社 1984 年出版过中译本)中,有多张 DNA 结构图,全部是右手性的。这种双螺旋展示的是 DNA 分子的二级结构。那么在 DNA 的二级结构中是否只有右手性呢?回答是否定的。虽然多数 DNA 分子是右手性的,如 A－DNA、B－DNA(活性最高的构象)和 C－DNA 都是右手性的,但 1979 年 Rich 提出一种局部上具有左手性的Z-DNA结构。现在证明，这种左手性的Z-DNA结构只是右手性双螺旋结构模型的一种补充。21世纪是信息时代或者生命信息的时代，仅北京就有多处立起了DNA双螺旋的建筑雕塑，其中北京大学后湖北大生命科学院的一个研究所门前立有一个巨大的双螺旋模型。人们容易把它想象为DNA模型，其实是不对的，因为雕塑是左旋的，整体具有左手性。就算Z-DNA可以有左手性，也只能是局部的。因此，雕塑造型整体为一左手性的双螺旋是不恰当的，至少用它暗示DNA的一般结构是错误的。

DNA 复制

　　DNA复制的最主要特点是半保留复制、半不连续复制。在复制过程中，原来双螺旋的两条链并没有被破坏，它们分成单独的链，每一条旧链作为模板再合成一条新链，这样在新合成的两个双螺旋分子中，一条链是旧的而另外一条链是新的，因此这种复制方式被称为半保留复制。

　　DNA双螺旋的两条链是反向平行的：一条是5′→3′方向；另一条是3′→5′方向。在复制起点处，两条链解开形成复制泡，DNA向两侧复制形成两个复制叉。随着DNA双螺旋的不断解旋，两条链变成单链形式，可以作为模板合成新的互补链。但是，生物细胞内所有的DNA聚合酶都只能催化5′→3′延伸。因此，以3′→5′的链为模板链时，DNA聚合酶可以沿5′→3′的方向合成互补的新链，这条链称为前导链。当以另一条链为模板时则不能连续合成新链，被称为滞后链。这时，DNA聚合酶从复制叉的位置开始向远离复制叉的方向合成大约

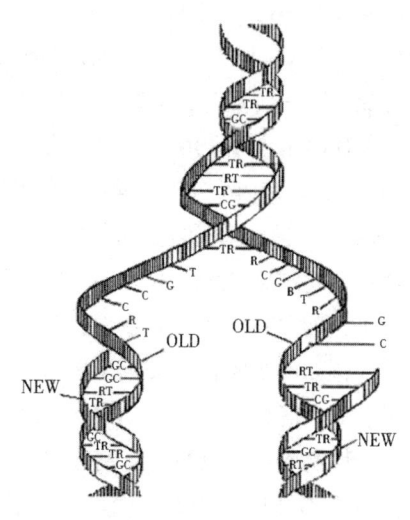

DNA 复制

1～2 kb的新链片段，待复制叉向前移动相应的距离后，又重复这一过程，合

成另一个类似大小的新链片段,这些片段被称为冈崎片段。最后,由一种DNA聚合酶和DNA连接酶负责把这些冈崎片段之间的RNA引物除去,并把缺口补平,使冈崎片段连成完整的DNA链。这种前导链的连续复制和滞后链的不连续复制在生物细胞中是普遍存在的,称为DNA合成的半不连续复制。

参与DNA复制的物质

DNA的复制是一个复杂的过程,需要DNA模板、合成原料——三磷酸核苷酸、酶和蛋白质等多种物质的参与。

解旋酶:DNA复制涉及的第一个问题就是DNA两条链要在复制叉位置解开。DNA双螺旋并不会自动解旋,细胞中有一类特殊的蛋白质可以促使DNA在复制叉处打开,这就是解旋酶。解旋酶可以和单链DNA以及ATP结合,利用ATP分解生成ADP时产生的能量沿DNA链向前运动促使DNA双链打开。

单链DNA结合蛋白:解旋酶沿复制叉方向向前推进产生了一段单链区,但是这种单链DNA极不稳定,很快就会重新配对形成双链DNA或被核酸酶降解。在细胞内有大量单链DNA结合蛋白(single strand DNA binding protein, SSB),能很快地和单链DNA结合,防止其重新配对或降解。SSB结合到单链DNA上之后,使DNA呈伸展状态,有利于复制的进行。当新DNA链合成到某一位置时,该处的SSB便会脱落,可以重复利用。

DNA拓扑异构酶:DNA在细胞内往往以超螺旋状态存在,DNA拓扑异构酶催化同一DNA分子不同超螺旋状态之间的转变。DNA拓扑异构酶有两类。DNA拓扑异构酶Ⅰ的作用是暂时切断一条DNA链,形成酶—DNA共价中间物,使超螺旋DNA松弛,再将切断的单链DNA连接起来,不需要任何辅助因子,如大肠杆菌的ε蛋白;DNA拓扑异构酶Ⅱ能将负超螺旋引入DNA分子,该酶能暂时性地切断和重新连接双链DNA,同时需要ATP水解提供能量,如大肠杆菌中的DNA旋转酶。

引物酶:引物酶在复制起点处合成RNA引物,引发DNA的复制。它与RNA聚合酶的区别在于可以催化核糖核苷酸和脱氧核糖核苷酸的聚合,而RNA聚合酶只能催化核糖核苷酸的聚合,其功能是启动DNA转录合成RNA,将遗传信息由DNA传递到RNA。

DNA聚合酶:DNA聚合酶最早是在大肠杆菌中发现的,以后陆续在其他原核生物中找到。它们的共同性质是：以 dNTP 为前体催化 DNA 合成；需要模板和引物的存在；不能起始合成新的 DNA 链；催化 dNTP 加到生长中的 DNA 链的 3′—OH 末端；催化 DNA 合成的方向是 5′→3′。

DNA 连接酶：DNA 连接酶是 1967 年在三个实验室同时发现的。它是一种封闭 DNA 链上的缺口的酶，借助 ATP 或 NAD 水解提供的能量催化 DNA 链的 5′-磷酸基团的末端与另一 DNA 链的 3′—OH 生成磷酸二酯键。只有两条紧邻的 DNA 链才能被 DNA 连接酶催化连接。

DNA 复制的引发

所有 DNA 的复制都是从固定起始点开始的，而目前已知的 DNA 聚合酶都只能延长已存在的 DNA 链，而不能从头合成 DNA 链，那么一个新 DNA 的复制是怎样开始的呢？研究发现，DNA 复制时，往往先由 RNA 聚合酶在 DNA 模板上合成一段 RNA 引物，再由 DNA 聚合酶从 RNA 引物 3′端开始合成新的 DNA 链。对于前导链来说，这一引发过程比较简单，只要有一段 RNA 引物，DNA 聚合酶就能以此为起点一直合成下去。但对于滞后链来说，引发过程就十分复杂，需要多种蛋白质和酶的协同作用，还牵涉到冈崎片段的形成和连接。

滞后链的引发过程通常由引发体来完成。引发体由 6 种蛋白质共同组成，只有当引发前体与引物酶组装成引发体后才能发挥其功效。引发体可以在滞后链分叉的方向上移动，并在模板上断断续续地引发生成滞后链的引物 RNA。由于引发体在滞后链模板上的移动方向与其合成引物的方向相反，所以在滞后链上所合成的 RNA 引物非常短，长度一般只有 3~5 个核苷酸。

在同一种生物体细胞中这些引物都具有相似的序列，表明引物酶要在 DNA 滞后链模板上比较特定的位置上才能合成 RNA 引物。DNA 复制开始处的几个核苷酸最容易出现差错，用 RNA 引物即使出现差错最后也要被 DNA 聚合酶 I 切除，以提高 DNA 复制的准确性。

RNA 引物形成后，由 DNA 聚合酶Ⅲ催化将第一个脱氧核苷酸按碱基互补配对原则加在 RNA 引物 3′—OH 端而进入 DNA 链的延伸阶段。

DNA 链的延伸

DNA 新链的延伸由 DNA 聚合酶Ⅲ所催化。为了复制的不断进行，DNA

解旋酶须沿着模板前进，边移动边解开双链。由于 DNA 的解链，在 DNA 双链区势必产生正超螺旋，在环状 DNA 中更为明显，当达到一定程度后就可能造成复制叉难以再继续前进，但在细胞内 DNA 的复制不会因出现拓扑学问题而停止，因为拓扑异构酶会解决这一问题。

随着引发体合成 RNA 引物，DNA 聚合酶Ⅲ全酶开始不断将引物延伸，合成 DNA。DNA 聚合酶Ⅲ全酶是一个多亚基复合二聚体，一个单体用于前导链的合成，另一个用于滞后链的合成，因此它可以在同一时间分别复制 DNA 前导链和滞后链。虽然 DNA 前导链和滞后链复制的方向不同，但如果滞后链模板环绕 DNA 聚合酶Ⅲ全酶，并通过 DNA 聚合酶Ⅲ，然后再折向未解链的双链 DNA 的方向上，则滞后链的合成可以和前导链合成在同一方向上进行。

当 DNA 聚合酶Ⅲ沿着滞后链模板移动时，由特异的引物酶催化合成的 RNA 引物即可以由 DNA 聚合酶Ⅲ所延伸，合成 DNA。当合成的 DNA 链到达前一次合成的冈崎片段的位置时，滞后链模板及刚合成的冈崎片段从 DNA 聚合酶Ⅲ上释放出来。由于复制叉继续向前运动，便产生了又一段单链的滞后链模板，它重新环绕 DNA 聚合酶Ⅲ全酶，通过 DNA 聚合酶Ⅲ开始合成新的滞后链冈崎片段。通过这种机制，前导链的合成不会超过滞后链太多，这样引发体在 DNA 链上和 DNA 聚合酶Ⅲ以同一速度移动。在复制叉附近，形成了以 DNA 聚合酶Ⅲ全酶二聚体、引发体和解旋酶构成的类似核糖体大小的以物理方式结合成的复合体，称为 DNA 复制体。复制体在 DNA 前导链模板和滞后链模板上移动时便合成了连续的 DNA 前导链以及由许多冈崎片段组成的滞后链。当冈崎片段形成后，DNA 聚合酶Ⅰ通过其 5′→3′ 外切酶活性切除冈崎片段上的 RNA 引物，并利用后一个冈崎片段作为引物由 5′→3′ 合成 DNA 填补缺口。最后由 DNA 连接酶将冈崎片段连接起来，形成完整的 DNA 滞后链。

遗传信息的载体——RNA

由至少几十个核糖核苷酸通过磷酸二酯键连接而成的一类核酸，因含核糖而得名，简称 RNA。RNA 普遍存在于动物、植物、微生物及某些病毒和噬菌体内。RNA 和蛋白质生物合成有密切的关系。在 RNA 病毒和噬菌体内，

RNA 是遗传信息的载体。RNA 一般是单链线形分子；也有双链的如呼肠孤病毒 RNA；环状单链的如类病毒 RNA；1983 年还发现了有支链的 RNA 分子。

1965 年 R. W. 霍利等测定了第 1 个核酸——酵母丙氨酸转移核糖核酸的一级结构即核苷酸的排列顺序。此后，RNA 一级结构的测定有了迅速的发展。

经诺贝尔奖获得者们历时数十年不懈地攻研，世界生命科学界终于在 1968 年建立了分子生物学的"圣经"——中心法则。中心法则确定的基因控制细胞活动的工作原理是：基因是核酸分子中贮存遗传信息的遗传单位，是指贮存 RNA 序列及表达这些信息所必需的全部核苷酸序列；基因是由 DNA 分子产生 RNA 分子的转录过程以及由 RNA 分子指导蛋白质合成的翻译过程来控制细胞活动的。

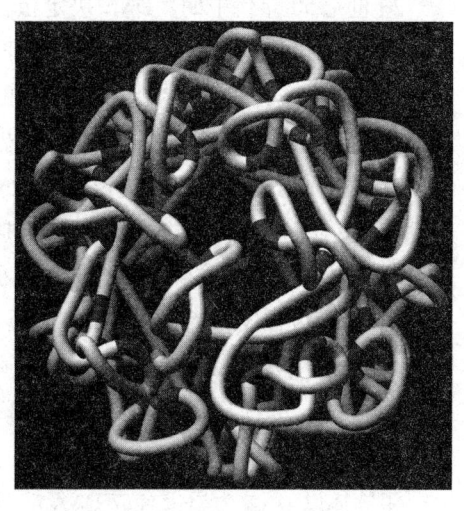

RNA 结构

基因表达是指生物基因组中结构基因所携带的遗传信息经过转录、翻译等一系列过程合成特定的蛋白，进而发挥其特定的生物学功能和反应的全过程。DNA 可以作为模板直接指导 RNA 分子的生物合成，这一过程称为转录。然而 DNA 不能作为直接模板将其携带的遗传信息转移到蛋白质分子中，需要先通过转录过程将遗传信息传递到 RNA 分子中，再通过翻译过程将 RNA 分子上的核苷酸序列信息转变为蛋白质分子中的氨基酸序列。转录和翻译是基因表达过程的两个主要阶段。原核生物细胞没有细胞核，RNA 的转录、翻译和降解偶联进行；真核细胞中，RNA 需要从细胞核转运到细胞质中，转录和翻译两个过程发生在不同的空间。

诺贝尔化学奖和医学奖携手探求证实：RNA 在生命活动中具有承前启后的重要作用，它和蛋白质共同负责基因的表达和表达过程的调控。RNA 通常以单链形式存在，但也有复杂的局部二级结构或三级结构，以完成一些特殊功能。RNA 分子比 DNA 分子小得多，小的仅由数十个核苷酸，大的由数千个核苷酸通过磷酸二酯键连接而成。

20 世纪 50 年代中期，DNA 决定蛋白质合成的作用已经得到了公认。当时要解决的难题是：DNA 主要存在于细胞核，如果作为蛋白质合成的模板，如何解释蛋白质合成是在细胞质中进行的这一事实？如果 RNA 是模板，DNA 的基因作用又如何解释？尽管在 20 世纪 40 年代初期，一部分 RNA 研究者已经发现细胞质内蛋白质的合成速度与 RNA 水平相关，但是直到 1960 年用放射性核素示踪实验证实，一类不同于核蛋白体 RNA（rRNA）的大小不一 RNA 分子才是蛋白质在细胞内合成的模板。后来又确认了这些 RNA 是在核内以 DNA 为模板合成，然后转移至细胞质这一重要事实。

由此很自然得出了结论：DNA 决定蛋白质合成的作用是通过这类特殊的 RNA 实现的。这种作用类似于信使，因此，这类 RNA 被命名为信使 RNA（mRNA）。

生物体以 DNA 为模板合成 RNA 的过程称为转录，意思是把 DNA 的碱基序列转抄成 RNA。DNA 分子上的遗传信息是决定蛋白质氨基酸序列的原始模板，mRNA 是蛋白质合成的直接模板。通过 RNA 的生物合成，遗传信息从染色体的贮存状态转送细胞质，从功能上衔接 DNA 和蛋白质这两种生物大分子。

最小的细胞器——核糖体

核糖体是最小的细胞器，在光镜下见不到的结构。1953 年由 Ribinson 和 Broun 用电镜观察植物细胞时发现胞质中存在一种颗粒物质。1955 年 Palade 在动物细胞中也看到同样的颗粒并进一步研究了这些颗粒的化学成分和结构。1958 年 Roberts 根据化学成分命名为核糖核蛋白体，简称核糖体 Ribosome，又称核蛋白体。核糖体除哺乳类红细胞外，一切活细胞（真核细胞、原核细胞）中均有，它是进行蛋白质合成的重要胞器，在快速增殖、分泌功能旺盛的细胞中尤其多。

核糖体是细胞内一种核糖核蛋白颗粒（ribonucleoproteinparticle），其惟一功能是按照 mRNA 的指令将氨基酸合成蛋白质多肽链，所以核糖体是细胞内蛋白质合成的分子机器。

真核细胞的大小亚基是在核中形成的。在核仁部位 rDNA 转录出 45S 的 rRNA，它是 rRNA 的前体分子，与胞质运来的蛋白质结合，再进行加工，经酶裂解成 28S、18S 和 5.8S 的 rRNA，而 5S 的 rRNA 则在核仁外合成 28S，

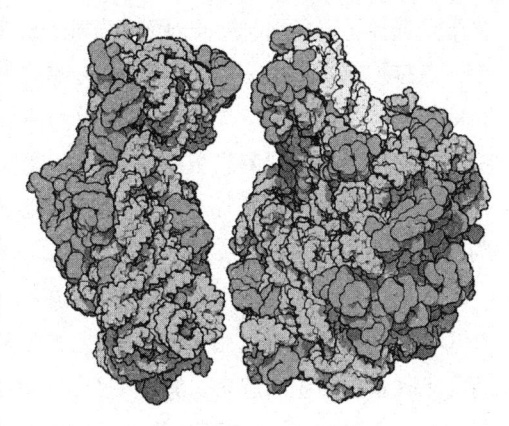

核糖体结构图

5.8S 的 rRNA 及 5S 的 rRNA 与蛋白质结合，形成 RNP 分子团，为大亚基前体，分散在核仁颗粒区，再加工成熟后，经核孔入胞质为大亚基。18S 的 rRNA 与蛋白质结合，经核孔入胞质为小亚基。大小亚基在胞质中可解离存在，在需要时也可在 >0.001 Mg 时存在，但合成完整单核糖体才具有合成功能，当小于 0.001 M 时则又重新解离。

真核细胞中，核糖体进行蛋白质合成时，既可以游离在细胞质中，称为游离核糖体（freeribosome），也可以附着在内质网的表面，称为膜旁核糖体或附着核糖体。参与构成 RER，称为固着核糖体或膜旁核糖体，是以大亚基圆锥形部与膜接着游离核糖体。分布在线粒体中的核糖体，比一般核糖体小，约为 55S（35S 和 25S 大、小亚基），称为胞器或线粒体核体。凡是幼稚的、未分化的细胞、胚胎细胞、培养细胞、肿瘤细胞，它们生长迅速，在胞质中一般具有大量游离核糖体。真核细胞含有较多的核糖体，每个细胞平均有 $10^6 \sim 10^7$ 个，而原核细胞中核糖体较少，每个细胞平均只有 $15 \times 10^2 \sim 18 \times 10^3$ 个。真核细胞核糖体的沉降系数为 80S，大亚基为 60S，小亚基为 40S。在大亚基中，有大约 49 种蛋白质，另外有 3 种 rRNA：28S 的 rRNA、5S 的 rRNA 和 5.8S 的 rRNA。小亚基含有大约 33 种蛋白质，一种 18S 的 rRNA。

无论哪种核糖体，在执行功能时，即进行蛋白质合成时，常 3~5 个或几十个甚至更多聚集并与 mRNA 结合在一起，由 mRNA 分子与小亚基凹沟处结合，再与大亚基结合，形成一串，称为多聚核糖体（游离多聚核糖体及固着

多聚核糖体），Polyribosome 或 Polysome。mRNA 的长短，决定多聚核糖体的多少，可排列成螺纹状、念珠状等，多聚核糖体是合成蛋白质的功能团。此时，每一核糖体均以 mRNA 的密码为模板翻译成蛋白质的氨基酸顺序。在活细胞中，核糖体的大小亚基、单核糖体和多聚核糖体是处于一种不断解聚与聚合的动态平衡中，随功能而变化，执行功能量为多聚核糖体、功能完成后解聚为大小亚基。

核糖体的主要成分为蛋白质和 rRNA，两者比例在原核细胞中为1.5：1，在真核细胞中为1：1。每个亚基中，以一条或两条高度折叠的 rRNA 为骨架，将几十种蛋白质组织起来，紧密结合，使 rRNA 大部分围在内部，小部分露在表面。由于 RNA 的磷酸基带负电荷超过了蛋白质带的正电荷，因而核糖体显强的负电性，易与阳离子和碱性染料结合。

单个核糖体上存在4个活性部位，在蛋白质合成中各有专一的识别作用。

1. A 部位，即氨基酸部位或受位：主要在大亚基上，是接受氨酰基-tRNA 的部位。

2. P 部位，即肽基部位或供位：主要在小亚基上，是释放 tRNA 的部位。

3. 肽基转移酶部位（肽合成酶），简称 T 因子：位于大亚基上，催化氨基酸间形成肽键，使肽链延长。

4. GTP 酶部位，即转位酶：简称 G 因子，对 GTP 具有活性，催化肽键从供体部位到受体部位。另外，核糖体上还有许多与起始因子、延长因子、释放因子以及各种酶相结合的位点。核糖体的大小是以沉降系数 S 来表示，S 数值越大、颗粒越大、分子量越大。原核细胞与真核细胞核糖体的大小亚基是不同的。

生命的能量——糖

糖在自然界分布极广，是自然界中含量最丰富的一类有机化合物。化学家最初在分析各种糖的成分时，发现糖是由碳、氢、氧3种元素组成的，而且其中氢和氧的比例是2：1，恰好与水分子中氢和氧的比例一样，于是，化学家们便把糖叫做碳水化合物。后来，他们又发现鼠李糖的分子式是 $C_6H_{12}O_5$，脱氧核糖的分子式是 $C_5H_{10}O_4$，在这两种糖的分子中，氢和氧的比例都不是 2∶1，当然不能把这两种糖也称为碳水化合物。严格地讲，把糖称为碳水化合物并不恰当，所以现在的书刊上都把这一类化合物统称为糖。

在自然界，糖广泛分布于动物、植物（尤其以甘蔗、甜菜等含量最丰富）和微生物内，其中尤以植物中所含的糖多。植物靠水和空气中的二氧化碳合成糖，因为这个合成反应是由具有光能的光子所激发的，因此这个合成过程称为光合作用。由水和二氧化碳合成糖的过程是一个吸收能量的过程，因此糖是一种具有高能量的化合物，它们是植物、动物和微生物新陈代谢过程的重要能量来源。

糖

生物体的细胞内和血液里都含有葡萄糖，是细胞发挥其功能所必需的，葡萄糖的新陈代谢的正常调节对于生命活动是非常重要的。葡萄糖容易被人体吸收，容易与氧气发生反应，生成二氧化碳和水，并放出能量，是细胞的快速能量来源。

葡萄糖属于单糖，但自然界大量存在的都是低聚糖（如蔗糖）和多糖（如淀粉）。多糖中也存在着大量能量，但它们很难为人体消化和吸收，多糖必须被分解成葡萄糖以后，其中贮存的能量才能被细胞利用。

单　糖

单糖是最简单的糖，都是结晶体，能溶于水，具有甜味，主要有葡萄糖、果糖、阿拉伯糖。

葡萄糖的分子式是 $C_5H_{11}O_5CHO$，在自然界中通过光合作用合成，由于葡萄糖最初是从葡萄汁中分离出来的结晶，因此就得到了"葡萄糖"这个名称。葡萄糖存在于血浆、淋巴液中，在正常人的血液中，葡萄糖的含量可达 $0.08\% \sim 0.1\%$。

葡萄糖以游离的形式存在于植物的浆汁中，尤其以水果和蜂蜜中的含量为多。可是，葡萄糖的大规模生产方法却不是从含葡萄糖多的水果中提取，而是用玉米和马铃薯中所含的淀粉制取。在淀粉糖化酶的作用下，玉米和马铃薯中的淀粉发生水解反应，可得到含量为90%的葡萄糖水溶液，溶液在低于50℃时结晶，可生成α-葡萄糖的水合物；在高于50℃时结晶，可生成无水的α-葡萄糖；当再超过115℃时结晶，生成的是无水的β-葡萄糖。

葡萄糖是生命不可缺少的物质，它在人体内能直接进入新陈代谢过程。在消化道中，葡萄糖比任何其他单糖都容易被吸收，而且被吸收后能直接为人体组织利用。人体摄取的蔗糖和淀粉也都必须先转化为葡萄糖，再被人体组织吸收和利用。葡萄糖在人体内被氧气氧化，生成二氧化碳和水，每克葡萄糖被氧化时，释放出17.1千焦热量，人和动物所需要的能量有50%来自葡萄糖。

葡萄糖的甜味约为蔗糖的3/4，主要用于食品工业，如用于生产面包、糖果、糕点、饮料等。在医疗上，葡萄糖被大量用于病人输液，这是因为葡萄糖非常容易被直接吸收作为病人的重要营养。葡萄糖被氧化时还能生成葡萄糖酸，葡萄糖酸钙是最能有效地提供钙离子的药物。

另一种重要的单糖是果糖，它的分子式是 $C_6H_{12}O_6$，以游离状态大量存在于水果的浆汁和蜂蜜中。

果糖并不从水果中制取，而是用稀盐酸或转化酶使蔗糖发生水解反应，产物是果糖和葡萄糖的混合溶液。由于果糖是不容易从水溶液中结晶出来的物质，所以从混合溶液中离析出果糖，要采用使果糖与氢氧化钙形成不溶性的复合物的方法，最后将复合物从水溶液中分离出来，并将钙沉淀为碳酸钙，果糖就成为结晶体。

果糖是所有的糖中最甜的一种，它比蔗糖甜1倍，广泛用于食品工业，如制糖果、糕点、饮料等。

低聚糖

低聚糖指双糖、三糖等。双糖中的蔗糖、麦芽糖和乳糖最有用。蔗糖是最普通的食用糖，也是世界上生产数量最多的有机化合物之一。

甘蔗中含蔗糖15%~20%，甜菜中含蔗糖10%~17%，其他植物的果实、种子、叶、花、根中也有不同含量的蔗糖。

蔗糖的分子式为 $C_{12}H_{22}O_{11}$。它很甜，容易溶解在水中，而且很容易从水溶液中结晶。

如果将红糖溶解在水里,加入适量的骨炭或活性炭,就可以将溶液的颜色脱掉,然后将溶液过滤,经过减压蒸发和冷却,溶液中就会产生白色细小的晶体,这就是白糖。白糖中含一定量水分,把白糖加热到适当温度,可以将水分除掉,再把它冷却,如果冷却速度很快,得到比较细的晶体,这就是砂糖;如果冷却速度慢,就会得到无色透明的大晶体,这就是冰糖。

蔗糖主要用于食品工业,高浓度的蔗糖能抑制细菌的生长,在医药上用作防腐剂和抗氧剂。

麦芽糖也是一种双糖,在自然界中麦芽糖主要存在于发芽的谷粒,特别是麦芽中,故得此名称。麦芽糖发生水解反应以后,生成两分子葡萄糖,可用作甜味剂,甜度是蔗糖的1/3。麦芽糖还是一种廉价的营养食品,过去在农村有很大市场。

乳糖是哺乳动物乳汁中主要的糖,人乳含乳糖5%~7%,牛乳含乳糖4%,它们是乳婴食物中的糖分。在工业上,乳糖是由牛乳制干酪时所得的副产品。在水中的溶解度小,也不很甜。在乳酸杆菌的作用下,乳糖可以被氧化成乳酸,牛奶变酸就是因为其中的乳糖被氧化,变成了乳酸所引起。乳酸饮料具有较高的营养价值。

多　糖

多糖结构

多个单糖分子发生缩合反应,失去水便形成多糖。已知多糖的分子量可以超过1 000 000原子质量单位。

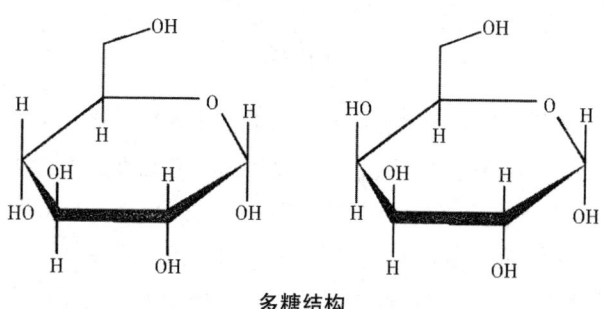

多糖结构

淀粉是植物界中存在的极为丰富的多糖,分子式是($C_6H_{10}O_5$),大量存在于植物的种子、块茎等部位。淀粉以球状颗粒贮藏在植物中,颗粒的直径为3~100微米,是植物贮存营养的一种形式。

天然的淀粉由直链淀粉和支链淀粉组成,大多数淀粉含直链淀粉10%~12%,含支链淀粉80%~90%。玉米淀粉含27%直链淀粉;马铃薯淀粉含20%直链淀粉(两者的其余部分均为支链淀粉);糯米淀粉几乎全部是支链淀粉;有些豆类的淀粉则全部是直链淀粉。

直链淀粉又称可溶性淀粉,溶解于热水后成胶体溶液,容易被人体消化。直链淀粉是一种没有分支的长链线形分子,与碘发生作用后,生成深蓝色物质,这一反应可用来检验淀粉或碘。

支链淀粉具有支链结构,它不溶于热水,分子量很大,约100 000~600 000,它也能与碘作用,生成蓝紫色物质。淀粉可供食用,在人体内淀粉首先被淀粉酶作用,发生水解反应,生成糊精,它进一步水解生成麦芽糖,最后可以水解成葡萄糖,便于人体吸收。因此,我们即使不吃蔗糖、葡萄糖、果糖、麦芽糖,仍然可以从淀粉(粮食及含淀粉多的蔬菜)摄取糖分,而且是人体内糖分的主要来源。

纤维素也是一种多糖。绿色植物通过光合作用合成纤维素,它在植物体中构成细胞壁网络,支撑着植物躯干。纤维素的分子式是$(C_6H_{10}O_5)_x$,它对人体没有营养价值,我们每天要吃进很多纤维素(存在于粮食、蔬菜、水果等中),基本上被排泄掉,但它对帮助肠的蠕动有一定作用,有利于防止肠癌。

葡萄糖

葡萄糖又称为玉米葡糖、玉蜀黍糖,是自然界分布最广且最为重要的一种单糖,它是一种多羟基醛。纯净的葡萄糖为无色晶体,有甜味但甜味不如蔗糖,宜溶于水,微溶于乙醇,不溶于乙醚。水溶液旋光向右,故亦称"右旋糖"。葡萄糖在生物学领域具有重要地位,是活细胞的能量来源和新陈代谢中间产物,植物可通过光合作用产生葡萄糖。在糖果制造业和医药领域有着广泛应用。

葡萄糖以游离或结合的形式,广泛存在于生物界。葡萄、无花果等甜果及蜂蜜中,游离的葡萄糖含量较多。正常人血浆中葡萄糖含量为3.89～6.11mmol/L,尿中一般不含游离葡萄糖,糖尿病患者尿中的含量变化较大。血液或尿中游离葡萄糖含量的测定,是临床常规检验的一个项目。结合的葡萄糖主要存在于糖原、淀粉、纤维素、半纤维素等多糖中。

人体的燃料——脂肪

在室温下呈液态者称为油,呈固态者称为脂肪。从植物种子中得到的大多数为油,而来自动物的大多为脂肪。在大部分含油脂丰富的食物中,有一半左右的热量是由脂肪和油类提供的。

天然的脂肪和油类通常是由一种以上的脂肪酸与甘油形成的各种酯的混合物。这些脂肪酸的功能有三种:

1. 当脂肪酸在人体内被氧化生成二氧化碳和水,并放出一定的热量时,脂肪酸是一种能源。

2. 脂肪酸贮存在脂肪细胞中,以备人体不时之需。

3. 作为合成人体所需要的其他化合物的原料,当脂肪燃烧时,它所能够提供的热量大约为37 620 千焦/克。因此,在我们的饮食中,脂肪是最集中的食物能源。

脂 肪

脂肪酸可分为饱和脂肪酸和不饱和脂肪酸,前者如硬脂酸、软脂酸;后者如油酸、亚油酸、亚麻酸、棕榈油酸。某些油脂中含有一些特殊的脂肪酸,如菜油中的油菜酸、椰子油中的橘酸等。

在这些脂肪酸中,某些种类的脂肪酸是人体所必需的,称为必需脂肪酸,它们是亚油酸、亚麻酸和花生四烯酸。在食物中，如果含有这3种必需脂肪酸中的任何一种，人体就能合成一组非常重要的化合物——前列腺素，它是一组10多个相关的化合物，对于血压、平滑肌的松弛和收缩、胃酸的分泌、体温、进食量、血小板凝聚等生理活动有着非常强烈的影响。

在这3种必需脂肪酸中，亚油酸是关键化合物，如果有了亚油酸，人体就能够合成亚麻酸和花生四烯酸，等于有了3种必需脂肪酸。

亚油酸以甘油酯的形式存在于动植物脂肪中。在植物油中，亚油酸的含量比较高，如花生油含26%，豆油含57.5%，菜油含15.8%，动物脂肪中，亚油酸含量比较少，如牛油含8%，猪油含6%。

亚油酸在室温时是液体，熔点 $-5\ ℃$，沸点 $229\sim230\ ℃$，在空气中易被氧化，不溶于水，溶于乙醚、氯仿等有机溶剂。

亚油酸是人和动物营养中必需的脂肪酸，缺乏亚油酸，会使动物发育不良、皮肤和肾损伤，以及产生不育症。亚油酸在医药上用于治疗血脂过高和动脉硬化。

油酸以甘油酯的形式存在于一切动植物油脂中，在动物脂肪中含40%~50%，茶油中含83%，花生油中含54%，椰子油中含5%~6%。

纯油酸为无色油状液体，熔点 $16.3\ ℃$，沸点 $228\sim229\ ℃$，不溶于水，易溶于乙醇、乙醚、氯仿等有机溶剂。

由于油酸中含有双键，在空气中长期放置能被氧化，局部转变为含羰基的物质，而使油脂具有腐败的哈喇味，这也是油脂变质的原因之一。

几乎所有的油脂中都含有不等的软脂酸，棕榈油中含量约40%，菜油中含量为2%。几乎所有的油脂中都有含量不等的硬脂酸，在动物脂肪中含量比较高，牛油中可达24%，植物油中硬脂酸含量较少，菜油为0.896%，棕榈油为6%，但可可脂中的含量可高达34%。

输送能量的ATP

木柴燃烧，就会生火发热，木柴里的能量通过"火"和"热"散发出来。人吃了饭，饭在人体里也要"燃烧"放出能量，这是一个复杂的过程，称为生物氧化。木柴一旦烧完，火就灭了，也就不再放热。可是，人吃完一顿饭，能维持几天的生命。这是因为"饭"里的有用东西，变成蛋白质、糖、脂肪等物质被人体储存起来，然后慢慢地进行生物氧化，陆续释放出能量，维持人体的正常活动。生物氧化时放出的能量，不是一下子就被利用了，而是分次分批按需供应，这个过程是由ATP和ADP等物质来协调的。

ATP是分子中由1个生物碱基——腺嘌呤、1个核糖和3个磷酸组成的物质，叫腺三磷或三磷酸腺苷。其中A代表腺嘌呤，T代表3个，P代表磷酸。ATP中的3个磷酸并排连接在一起，彼此之间有一种结合力，这种力叫磷酸键。ATP中的磷酸键里存有很多能量，称它为高能磷酸键。含有高能磷酸键的化合物，称为高能磷酸化合物。如果ATP脱掉一个磷酸，高能键中的能就放出来，ATP本身就变成二磷酸腺苷——ADP。ADP也可以结合一个磷酸，收回同样多的能量，变回ATP。由于ATP的这个性质，它能在人体中担当能量的"传递员"。当生物氧化过程中产生了能量后，先由ADP接受，即ADP与磷酸结合形成ATP，能量就被储存在磷酸键里。这样，人体的哪个部位需要能量，ATP就活动到哪里，通过脱去1个磷酸分子而放出能量，再变回ADP。ATP运输能量的效率非常高，只需有限的几个，就能把蛋白质、糖、脂肪与能量储藏库的东西"搬"到需要的地方去。

能量的来源是食物。食物被消化后，营养成分进入细胞转化为各类有机物。动物细胞再通过呼吸作用将贮藏在有机物中的能量释放出来，除了一部分转化为热能外，其余的贮存在ATP中。

人和动物的各项生命活动所需要的能量来自ATP。

食物→（消化吸收）→细胞→（呼吸作用）→ATP→（释放能量）→肌肉→动物运动。

运动中机体供能的方式可分两类：

一类是无氧供能，即在无氧或氧供应相对不足的情况下，主要靠ATP、CP分解供能和糖原无氧酵解供能（即糖原无氧的情况下分解成为乳酸同时供给机体能量）。这类运动只能持续很短的时间（约1~3分钟）。800米以下的全力跑、短距离冲刺都属于无氧供能的运动。

另一类为有氧供能，即运动时能量主要来自糖原（脂肪、蛋白质）的有氧氧化。

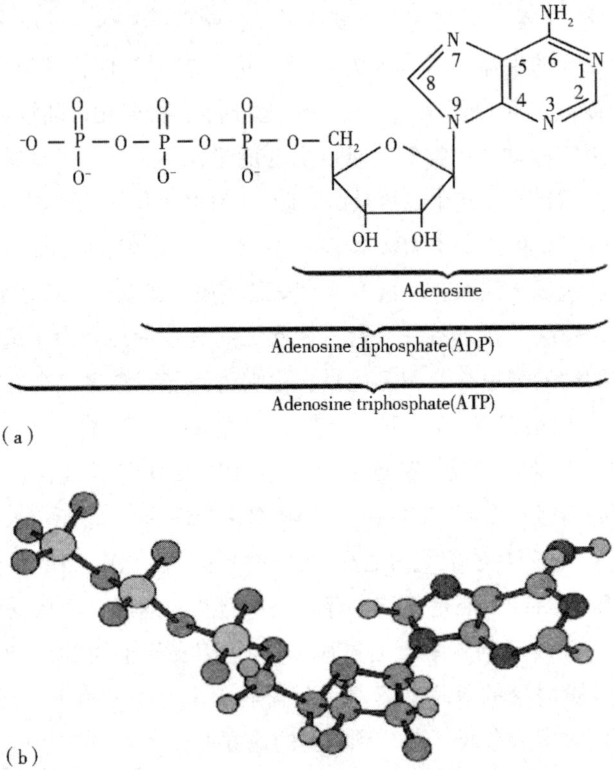

(a)

(b)

ATP 分子结构

  由于运动中供氧充分，糖原可以完全分解，释放大量能量，因而能持续较长的时间。这类运动如 5000 米以上的跑步、1500 米以上的游泳、慢跑、散步、迪斯科、交谊舞、自行车、太极拳等都属于这类运动。

  由此，我们可以得到一个简单的启示：大强度的运动不可能持续很长时间，总的能量消耗较少，因而不是理想的减肥运动方式；而强度较低的运动由于供氧充分，持续时间长，总的能量消耗多，更有利于减肥。减肥的最终目的是消耗体内过多的脂肪，而不是减少水分或其他成分。

  在进行有氧锻炼时还应注意以下几点：

  第一，锻炼应选择中等强度的运动，即在运动中将心率维持在最高心率的 60%~70%（最高心率 = 220 - 年龄），强度过大时能量消耗以糖为主，肌肉氧化脂肪的能力较低；而负荷过小，机体热能消耗不足，也达不到减肥的目的。

第二,以中等强度进行锻炼时,锻炼的时间要足够长,一般每次锻炼不应少于 30 分钟。在中等强度运动时,开始阶段机体并不立即动用脂肪供能。因为脂肪从脂库中释放出来并运送到肌肉需要一定时间,至少要 20 分钟。运动的方式可根据自己的条件、爱好、兴趣而定,如走路、慢跑、迪斯科、交谊舞、游泳等都是适宜的方式。

第三,脂肪的储备和动用是一种动态平衡,因此要经常参加运动,切不可一劳永逸。

减肥运动应每日进行,不要间断。

生物催化剂——酶

人们在日常生活中发现酵母能使果汁和谷类加速转化成酒,这种转化过程叫做发酵。1680 年列文虎克首先发现酵母细胞,一个半世纪以后,法国物理学家卡格尼亚尔·德拉图尔使用一台优质的复式显微镜,专心研究酵母,他仔细观察了酵母的繁殖过程,确定酵母是活的。这样,在 19 世纪 50 年代,酵母成为热门的研究课题。

人们还发现在肠道里也进行着类似于发酵的过程:1752 年,法国物理学家列奥米尔用鹰做实验对象,让鹰吞下几个装有肉的小金属管,管壁上的小孔能使胃内的化学物质作用到肉上。当鹰吐出这些管子时,管内的肉已部分分解了,管中有了一种淡黄色的液体。

1777 年,苏格兰医生史蒂文斯从胃里分离出一种液体(胃液),并证明了食物的分解过程可以在体外进行。这样,人们知道了胃液里含

酶

有某种能加速肉分解的东西。1834年，德国博物学家施旺把氯化汞加到胃液里，沉淀出一种白色粉末。除去粉末中的汞化合物，把剩下的粉末溶解，得到了一种浓度非常高的消化液，他把这种粉末叫做"胃蛋白酶"（希腊语中的"消化"之意）。至此，科学家又从胃里找到了一种消化食物的催化剂，它是没有生命的"酶"。

同时，两位法国化学家帕扬和佩索菲发现，麦芽提取物中有一种物质，能使淀粉变成糖，变化的速度超过了酸的作用，他们称这种物质为"淀粉酶制剂"（希腊语中的"分离"之意）。

科学家们把酵母细胞一类的活体酵素和像胃蛋白酶一类的非活体（无细胞结构的）酵素做了明确的区分。1878年，德国生理学家库恩提出把后者叫做酶（希腊语中的"在酵母中"之意）。库恩当时根本没有意识到，"酶"这个词以后会变得那么重要、那么普遍。1897年，德国化学家毕希纳用砂粒研磨酵母细胞，把所有的细胞全部研碎，并成功地提取出一种液体。他发现，这种液体依然能够像酵母细胞一样完成发酵任务。这个实验，证明了活体酵素与非活体酵素的功能是一样的。

因此，"酶"这个词现在适用于所有的酵素，而且是使生化反应的催化剂。由于这项发现，毕希纳获得了1907年的诺贝尔化学奖。

酶到底是一种什么物质？这个问题使人们困惑了好长时间。美国康奈尔大学的生物化学家萨姆纳与洛克菲勒研究院的化学家通过实验揭开酶的面纱，并因此分享了1946年的诺贝尔化学奖。

酶是生物体内产生的有催化能力的蛋白质，是生命的催化剂。催化剂能加速化学反应，而它本身的量和化学性质在化学反应后不发生改变。

一切酶分子都是由许许多多氨基酸分子组成的高分子蛋白质，分子量在1万~100万之间。天然酶分子有单纯酶与结合酶两类，前者的分子组成只含蛋白质，后者的分子组成中除蛋白质外还含有非蛋白质成分，有的还含有金属离子。酶分子内非蛋白质成分称为辅因，辅因与酶蛋白的结合物称全酶。对于结合酶，只有全酶才能行使催化功能。

高效催化本领。酶能使化学反应的速度提高10^6~10^{12}倍，一个酶分子在1分钟内能使几百个到几百万个底物分子转化。一个人吃了两个汉堡包，吃后感到肚子饱了。然而过不了几小时又觉得饿了。两个汉堡包里面的淀粉、脂肪和蛋白质到哪里去了呢？它们被消化掉了。它们在酶的催化下变成简单的有机分子，由肠壁吸收了。参加这一化学反应的酶主要是淀粉酶、脂肪酶和蛋白酶。没有这些酶参加活动，汉堡包可能还是汉堡包，不会发生什么变化。这就是酶的神奇功能。

高度的专一性。一种酶只能催化一种化学反应。到目前为止，在自然界中发现的酶大约有3000种，它们催化的化学反应也有3000种左右。一种酶只控制和调节一种化学反应。一个人患消化不良的病，很可能是缺少胃蛋白酶引起的，吃上一点药用胃蛋白酶就可以治疗。

生物体内分布着不同功能性质的酶，因此具有不同生活习性，如驴、马、牛、羊以草为粮，而豺、狼、虎、豹却以肉为粮。同一生物个体内的不同组织器官也存在功能殊异的酶。消化道内有各种消化酶以助消化、吸收营养物质；肝脏内的酶能合成蛋白质、糖原和脂肪，还能把毒物清除出去；各种腺体内的酶能合成调节新陈代谢的各种激素，甚至男女性征、生儿育女也有赖于酶的参加。

酶对外界条件很敏感，因此很不稳定。高温、强酸、强碱和某些重金属离子会导致酶失去活性，不起作用。酶一般难以保存，给广泛应用带来不小的困难。

根据酶的功能，通常将酶分为：①氧化还原酶类。分氧化酶和脱氢酶两种，在体内参与产能、解毒和某些生理活性物质的合成。②转移酶类。参与核酸、蛋白质、糖及脂肪的代谢与合成。③水解酶类。这类酶催化水解反应，使有机大分子水解成简单的小分子化合物。例如，脂肪酶催化脂肪水解成甘油和脂肪酸，是人类应用最广的酶类。④裂合酶类。这类酶能使复杂的化合物分解成好几种化合物。⑤异构酶类。它专门催化同分异构化合物之间的转化，使分子内部的基团重新排列。例如，葡萄糖和果糖就是同分异构体，在葡萄糖异构酶催化下，葡萄糖和果糖之间就能互相转化。⑥合成酶类。这类酶使两种或两种以上的生命物质化合而成新的物质。

许多酶构成一个有规律的酶系统，它们控制和调节复杂的生命的代谢活动。早期的酶工程技术主要是从动物、植物、微生物材料中提取、分离、纯化制造各种酶制剂，并将其应用于化工、食品和医药等工业领域。20世纪70年代后，酶的固定化技术取得了突破，使固定化酶、固定化细胞、生物反应器与生物传感器等酶工程技术迅速获得应用。随着第三代酶制剂的诞生,应用各种酶工程技术制造精细化工产品和医药用品及其在化学检测、环境保护等各个领域的有效应用,使酶工程技术的产业化水平在现代生物技术领域中名列前茅,并正在与基因工程、细胞工程和微生物工程融为一体,形成一个具有很大经济效益的新型工业门类。

参与蛋白质合成的氨基酸

氨基酸结构

氨基酸:含有氨基和羧基的一类有机化合物的通称。生物功能大分子蛋白质的基本组成单位,是构成动物营养所需蛋白质的基本物质,是含有一个碱性氨基和一个酸性羧基的有机化合物,氨基一般连在 α - 碳上。

氨基酸的结构通式:构成蛋白质的氨基酸都是一类含有羧基并在与羧基相连的碳原子下连有氨基的有机化合物,目前自然界中尚未发现蛋白质中有氨基和羧基不连在同一个碳原子上的氨基酸。

天然的氨基酸现已经发现的有 300 多种,其中人体所需的氨基酸约有 22 种,分非必需氨基酸和必需氨基酸(人体无法自身合成)。另有酸性、碱性、中性、杂环分类,是根据其化学性质分类的。

必需氨基酸(essential amino acid):指人体(或其他脊椎动物)不能合成或合成速度远不适应机体的需要,必须由食物蛋白供给,这些氨基酸称为必需氨基酸。共有 8 种,其作用分别是:

1. 赖氨酸(Lysine):促进大脑发育,是肝及胆的组成成分,能促进脂肪代谢,调节松果腺、乳腺、黄体及卵巢,防止细胞退化;

2. 色氨酸(Tryptophan):促进胃液及胰液的产生;

3. 苯丙氨酸(Phenylalanine):参与消除肾及膀胱功能的损耗;

4. 蛋氨酸(又叫甲硫氨酸)(Methionine):参与组成血红蛋白,有促进脾脏、胰脏及淋巴的功能;

5. 苏氨酸(Threonine):有转变某些氨基酸达到平衡的功能;

6. 异亮氨酸（Isoleucine）：参与胸腺、脾脏及脑下腺的调节以及代谢；脑下腺属总司令部作用于甲状腺、性腺；

7. 亮氨酸（Leucine）：用来平衡异亮氨酸；

8. 缬氨酸（Valine）：作用于黄体、乳腺及卵巢。

8 种人体必需氨基酸的记忆口诀：

1. "赖蛋苏苯挟一亮色（联想记忆法）"。谐音：借（缬氨酸）一（异亮氨酸）两（亮氨酸）本（苯丙氨酸）蛋（蛋氨酸）色（色氨酸）书（苏氨酸）来（赖氨酸）

2. "笨蛋来宿舍，晾一晾鞋"。笨（苯丙氨酸）蛋（蛋氨酸）来（赖氨酸）宿（苏氨酸）舍（色氨酸）晾（亮氨酸）一晾（异亮氨酸）鞋（缬氨酸）

3. "携带一两本甲硫色书来"。携（缬氨酸）带一（异亮氨酸）两（亮氨酸）本（苯丙氨酸）甲硫（甲硫氨酸）色（色氨酸）书（苏氨酸）来（赖氨酸）

4. "一家写两三本书来"。一（异亮氨酸）家（甲硫氨酸）携（缬氨酸）两（亮氨酸）三（色氨酸）本（苯丙氨酸）书（苏氨酸）来（赖氨酸）

其理化特性大致有：

1. 都是无色结晶。熔点在 230 ℃以上，大多没有确切的熔点，熔融时分解并放出 CO_2；都能溶于强酸和强碱溶液中，除胱氨酸、酪氨酸、二碘甲状腺素外，均溶于水；除脯氨酸和羟脯氨酸外，均难溶于乙醇和乙醚。

2. 有碱性（二元氨基一元羧酸，例如赖氨酸）、酸性（一元氨基二元羧酸，例如谷氨酸）、中性（一元氨基一元羧酸，例如丙氨酸）3 种类型。大多数氨基酸都呈现不同程度的酸性或碱性，呈现中性的较少。所以既能与酸结合成盐，也能与碱结合成盐。

3. 由于有不对称的碳原子，呈旋光性。同时由于空间的排列位置不同，又有两种构型：D 型和 L 型，组成蛋白质的氨基酸都属 L 型。由于以前氨基酸来源于蛋白质水解（现在大多为人工合成），而蛋白质水解所得的氨基酸均为 α - 氨基酸，所以在生化研究方面氨基酸通常指 α - 氨基酸。至于 β，γ，δ……，ω 等的氨基酸在生化研究中用途较小，大都用于有机合成、石油化工、医疗等方面。氨基酸及其衍生物品种很多，大多性质稳定，要避光、干燥贮存。

非必需氨基酸：指人（或其他脊椎动物）自己能由简单的前体合成，不需要从食物中获得的氨基酸，例如甘氨酸、丙氨酸等氨基酸。

可在动物体内合成，作为营养源不需要从外部补充的氨基酸。一般在植物、微生物必需的氨基酸均由自身合成，这些都被称为非必需氨基酸。对人来说，非必需氨基酸为甘氨酸、丙氨酸、丝氨酸、天冬氨酸、谷氨酸（及其胺）、脯氨酸、精氨酸、组氨酸、酪氨酸、胱氨酸。这些氨基酸由碳水化合物的代谢物或由必需氨基酸合成碳链，进一步由氨基转移反应引入氨基生成氨基酸。即使摄取非必需氨基酸，也是对生长有利的。

赖氨酸

赖氨酸是组成蛋白质的常见20种氨基酸中的一种碱性氨基酸，是哺乳动物的必需氨基酸和生酮氨基酸。在蛋白质中的赖氨酸可以被修饰为多种形式的衍生物。

赖氨酸能促进人体发育、增强免疫功能，并有提高中枢神经组织功能的作用。赖氨酸为碱性必需氨基酸。由于谷物食品中的赖氨酸含量甚低，且在加工过程中易被破坏而缺乏，故称为第一限制性氨基酸。

赖氨酸对于身体适当的成长和发展起到了重要作用，是肉碱生产的一个重要组成部分。肉碱负责将一些不饱和脂肪酸转化为能量，还有助于降低胆固醇水平。它和其他营养一起形成胶原蛋白。胶原蛋白在结缔组织、骨骼、肌肉、肌腱和关节软骨中扮演了重要角色。此外，赖氨酸也有助于身体吸收钙。

维持生命的物质——维生素

维生素是人类和动物体生命活动所必需的一类物质，许多维生素是人体不能自身合成的，一般都必须从食物或药物中摄取。当机体从外界摄取的维生素不能满足其生命活动的需要时，就会引起新陈代谢功能的紊乱，导致生病。维生素缺乏病曾经是猖獗一时的严重疾病之一，例如，人体内维生素C缺乏会引起坏血病；维生素 B_1 缺乏会引起脚气病，都曾经是摧毁人类特别是海员和士兵的大敌。

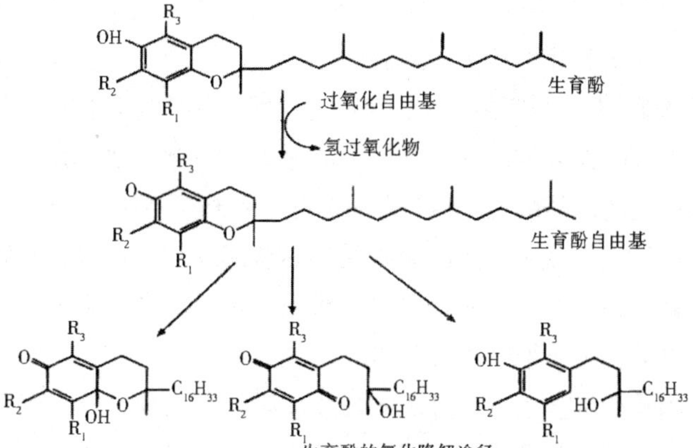

α-生育酚的氧化降解途径

维生素

但是，过量或不适当地食用维生素，或者有些人把维生素当成补药，以致造成人体内某些维生素过多症，对身体也是有害的。因此，切莫把维生素看成灵丹妙药。

到目前为止，已经发现的维生素可以分为脂溶性维生素和水溶性维生素两大类。在维生素刚被发现时，它们的化学结构还是未知的，因此，只能以英文字母来命名，如维生素A、维生素B、维生素C。但是不久就发现，某些被认为是单一化合物的维生素原来是由多种化合物组成的，于是就产生了"维生素族"的命名方法。例如，原来认为维生素B是单一的化合物，后来知道它是由多种化合物组成的，这样就需要在维生素B的英文字母下加角标的方法来命名，这就是维生素 B_1、维生素 B_2、维生素 B_5、维生素 B_6。实际上，现在每一种维生素都已经有了它的学名（即化学名称）。维生素还都有俗名，但不同国家所用的俗名差别很大，很不规则。

维生素 A_1

维生素 A_1 以游离醇或酯的形式存在于动物界。人体所需的维生素 A 大部分来自动物性食物中,在动物脂肪、蛋白、乳汁、肝中,维生素A的含量丰富。植物界中虽然不存在维生素A,但维生素A的前体(即维生素A,原由它可以产生维生素A)却广泛分布于植物界,它就是β-胡萝卜素。植物性食物中的β-胡萝卜素在肠壁内能转变为维生素A,因此含β-胡萝卜素的植物性食物也是人体所需维生素A的来源。

维生素A影响许多细胞内的新陈代谢过程,在视网膜的视觉反应中有特殊的作用,而维生素A醛(视黄醛)在视觉过程中起重要作用。视网膜中有感强光和感弱光的两种细胞,感弱光的细胞中含有一种色素,叫做视紫红质,它是在黑暗的环境中由顺视黄醛和视蛋白结合而成的,在遇光时则会分解成反视黄醛和视蛋白,并引起神经冲动,传入中枢神经产生视觉。视黄醛在体内不断地被消耗,需要维生素A加以补充。

如果体内缺少维生素A,合成的视紫红质就会减少,使人在弱光中的视力减退,这就是产生夜盲症的原因,所以维生素A可用于治疗夜盲症。例如中国民间很早就用羊肝治疗"雀目"(即夜盲症)。

维生素A还与上皮细胞的正常结构和功能有关,缺少维生素A会导致眼结膜和角膜的干燥和发炎甚至失明。维生素A的缺乏还会引起皮肤干燥和鳞片状脱落以及毛发稀少、呼吸道的多重感染、消化道感染和吸收能力低下。

人体每天对维生素A的需要量为成人(男)为1000微克;成人(女)800微克;儿童(1~9岁)为400~700微克。如果提供的是动物性食物中所含的维生素A,数量可略低;如果提供的是植物性食物中所含的β-胡萝卜素,则数量要略高。

钠和钾

这就是维持生命的重要环节。如果细胞内外的钠和钾离子的浓度变得一样,生命活动就要停止。为了阻止细胞内外的钠和钾离子浓度变成一样,全靠细胞膜这个精密的大门来控制。细胞内所需要的离子不够时,细胞膜大门打开,将离子放进去;细胞内离子多余时,也把大门打开,将离子放出来。利用控制离子浓度的方法,维持细胞内外离子浓度的差别,才能维持生命活动。在人体内,钠主要以氯化钠形式存在于细胞外液中,依靠氯化钠可以把一定量的水吸到细胞里面,使人体组织维持一定的水分。

尽管我们的饮食、呼吸和排泄物中不断地有酸和碱的进入和输出,可是我们的血液大体上总是保持中性的。那么,人靠什么来维持这种酸度,或者说,怎样维持这种酸碱平衡呢?这主要靠血浆中的碳酸(由二氧化碳溶于水形成)和碳酸氢钠来共同维持,碳酸和碳酸氢钠组成了缓冲溶液,它既能抗酸,又能抗碱,就维持了血浆的酸碱平衡。

钾是动植物体内一种重要的酶的激活剂。钾离子和酶结合后,才能使酶发挥最大的活性,这需要钾离子的浓度为 0.05~0.10 摩/升。

在人类有历史记载的年代里,盐就曾经被用作流动货币。有的民族还常常为客人献上一块盐表示好意,这些都说明人类早就知道盐的重要性。对一个人来说,到底在饮食中需要多少盐,是因人、因地、因环境而不同的。通常认为,每人每天大约需要 1~2 克食盐,其中大部分是在做主、副食时加进去的。盐的平衡又与水的平衡分不开,出汗很多的高温作业的工人要喝盐汽水来补充因出汗太多而损失的大量盐分。对于严重脱水的病人,如果单独补充氯化钠是不够的,还要补充氯化钾,才能保持体内的离子平衡。

人体不必担心缺少钾,因为我们很容易从食物里获得所需要的钾。在我们所吃的植物性和动物性食物里,含钾都比较丰富,这是因为氮、磷、钾是植物生长必需和主要的肥料,而植物又是人的食物,于是,人的食物中所含的钾也不少。但有一点应该引起我们注意,有些人长期吃菜而不喝菜汤,岂不知菜汤中所含的钾离子比菜里还多。

钙和镁

钙和镁也是人体组织必需的而且量比较大的金属元素。尽管我们很容易从大多数食物中得到足够多的钙,可是缺钙的病症仍然不是少见的,因为吃进去的钙要通过重重关口才能被人体吸收。一个主要的关口是食物中的许多阴离子会使钙离子沉淀,而不能被人体吸收。例如磷酸根阴离子容易与钙离子形成不溶性的磷酸钙,只有磷酸二氢钙的溶解度比较大,方可被人体吸收,但是很可惜,磷酸二氢钙只有在胃处于酸性条件下才稳定,于是,人体吸收磷酸二氢钙又遇到了难关。

当食物在胃里与胃酸一起搅烂,混匀后来到能吸收钙的十二指肠时,又会很快被碱性的胆质中和,这时钙又被沉淀下来而不被吸收。高蛋白的食物中含磷酸盐较多，而磷酸盐越多，越容易使钙离子沉淀而不能被吸收。

人体所含的大部分钙都在细胞外面，所以钙主要是在骨骼和牙齿这些硬组织里，只有一部分钙留在血浆中，这是人体的钙的仓库，数量虽然不多，但很重要。血浆里虽然也存在着磷酸根离子和碳酸钙沉淀，这是因为钙离子早已和血浆里的蛋白质及其他配位体形成了稳定的络合物。钙先暂时贮存在血浆里作为转运站，需要时再慢慢沉积在骨骼里。

血浆里的钙在血液的凝固过程中也起着微妙的作用。血液在血管里是不会凝固的，但流出来以后就会凝固了。它的原因在于钙在把凝血酶原转变成凝血酶时有一定的作用，而凝血酶则在血液凝固时是举足轻重的。

血浆里的钙的运送和传输是由维生素D和副肾上腺素来控制的，由它们来开关吸收钙的大门。钙不够时，打开大门把钙放进血浆中，达到一定浓度后，就把门关死。下一步是血浆里的钙离子和蛋白质结合，组成网架，然后将磷酸二氢钙沉积在网架之中，就好像钢筋中灌入了水泥一样，形成骨骼和牙齿等硬组织。

血液中的钙离子浓度过高也是一种病，称为高血钙病。得了这种病，容易发生尿道结石以及全身性骨骼变粗和软骨钙化。血浆里钙的浓度太高，有时还会使心脏在收缩期突然停止跳动。

细胞内的钙离子大部分与蛋白质结合，存在于细胞膜上，真正处于细胞内的钙离子是很少的。肌肉受到刺激时之所以会收缩，是因为当刺激信号传来时，肌肉细胞里的钙离子浓度突然上升所引起的。只有使钙离子原来的浓度比较低，才能有可能上升，肌肉才有收缩功能。人类的生存与肌肉收缩有着千丝万缕的关系，要通过肌肉收缩来实现呼吸、消化、运动以及说话等活动。可见，钙离子对生命活动有多么重要。

镁离子之所以重要，恐怕要算它与酶的关系了。镁离子是许多酶的激活剂，没有镁，这些酶将失去生命力。为什么许多酶非要有镁离子才能发挥作用呢？其原因有三：第一，镁离子能使酶这种蛋白质保持一定的结构；第二，只有将镁与酶的底物结合起来，酶才能起到催化剂的作用；第三，镁离子可以传递电子，使人体内各种化学反应能顺利进行。

碘

碘主要存在于海洋中。海水里的碘化物被海生植物（如海带）吸收后进入这些植物中，海盐中也含有碘，人吃了海生植物和海盐后，碘便参加了人体内的新陈代谢循环。

碘的主要功能是参与甲状腺素的构成，碘集中在甲状腺内转变成甲状腺素和碘化对羟苯基丙氨酸。成人体内含碘 20~50 毫克，有 20% 的碘分布在甲状腺内。人体缺碘会引起甲状腺肿大。健康的成人的甲状腺内含碘约 8 毫克，而甲状腺肿大患者的碘含量可少至 1 毫克以下。

碘

人体所需的碘可以从饮水、食物和食盐中取得，这些物质中的含碘量主要取决于各地区的地质情况。一般情况下，远离海洋的内陆山区，土壤中含碘较少，水和食物中的含碘量也不高，因此，这些地区可能成为地方性甲状腺肿大的高发地区。多数国家对人体碘供给量没有统一的规定，一般认为，成人每日摄入 100~200 微克的碘，但对强体力劳动者、孕妇、乳母以及正在生长发育的青少年，每日供给的碘量应适当增加。

预防甲状腺肿大，应该经常吃含碘高的海带、紫菜等海产品。内陆山区以采用食盐加碘的方法最为有效，这种盐称为加碘盐。在 1 吨食盐中，加入 10 克碘酸钠或碘化钾最为合适。

氟

氟与我们的日常生活也有很大的关系。牙科医生在研究饮用水中所含的矿物质与产生龋齿的原因之间的关系时，曾经发现水中所含的少量氟化物可以抑制龋齿的发生。氟化物与牙齿中所含的钙作用，在牙齿表面形成一层坚实的氟化钙保护层，可以防止酸的侵蚀和虫蛀。受到这些研究的启发，工厂生产了含氟化物的药物牙膏，如氟化钠牙膏、氟化锶牙膏、氟化亚锡牙膏，被用来预防和治疗龋齿。

在有些地区，水源中的含氟量低，甚至可以采用在饮水中加入控制量的氟化物，以增进牙齿的健康。但是，饮水中氟的含量不是越高越好，含量高了也有害处，例如，氟多了会与体液中的钙离子结合成溶解度小的氟化钙，它们沉积在骨骼里，会引起氟骨症。所以饮水中的含氟量必须控制，太少了不行，太多了则有害。

维生素C

维生素C是显示抗坏血酸生物活性的化合物的通称，是一种水溶性维生素，水果和蔬菜中含量丰富。在氧化还原代谢反应中起调节作用，缺乏它可引起坏血病。

食物中的维生素C被人体小肠上段吸收，一旦吸收，就分布到体内所有的水溶性结构中。正常成人体内的维生素C代谢活性池中约有1500毫克，最高储存峰值为3000毫克。

维生素C的主要作用是提高免疫力，预防癌症、心脏病、中风，保护牙齿和牙龈等。另外，坚持按时服用维生素C还可以使皮肤黑色素沉着减少，从而减少黑斑和雀斑，使皮肤白皙。

起着调控作用的激素

地球上的生物都按着各自的形式进行着生命活动，这些生命活动既繁忙又复杂，可它们总是纹丝不乱、一刻不停地进行着。是什么使得机体各部分之间相互配合、如此协调地完成它们的功能呢？是激素！这是直到20世纪初才被科学家所发现的生物体自己产生的特殊化学物质。1906年，英国的斯塔林最先提出了"激素"这一名词。在有机体内，有一些器官和细胞能产生各种不同的激素，它们像忠实的信徒，随着血液在周身循环流动，把控制正常生命活动的信息带给某些器官和组织。地球上的动物、植物都是通过激素的调节和控制，维持着正常的生命活动的。如果激素的作用受到干扰，就会影响生物体的正常生长，甚至引起病变和死亡。动物体内的激素是由内分泌腺分泌的。人体主要的内分泌腺有脑垂体、松果体、甲状腺、甲状旁腺、胸腺、胰岛、肾上腺和性腺等，分泌的激素有各种促激素、生长激素、甲状旁腺素、胸腺素、胰岛素、肾上腺素、性激素等数十种激素。人类研究得较多的是胰岛分泌的胰岛素。最早开始研究的是两位加拿大科学家班丁和麦克劳德。

班丁1916年从医学院毕业，在第一次世界大战中成为军医，战后在多伦多市当外科住院医师。他的业余爱好就是研究糖尿病。当时人们已在推测糖尿病可能与胰腺分泌的特殊物质有关，并把这一分泌物称为"胰岛素"。因此，有人就用动物的胰腺尝试着治疗糖尿病，但都没有收到预料的效果。班丁认为：糖尿病人服用动物胰腺后，可能胃液将其中的激素破坏了，使它无法进入血液降低血糖。如果将胰腺中的胰岛素分离出来，通过注射进入血液，可能达到降低血糖的作用。但这一设想实施起来却遇到了重重困难。班丁在寻求帮助时，获得了当时著名的实验糖尿病专家、生理学教授麦克劳德的支持。

班丁从未做过系统的实验研究，缺乏测定血糖、尿糖、尿氮的实验技术，于是麦克劳德帮助他进行实验设计。实验结果是提取物确有降低血糖和尿糖的作用，于是，他们开始用提取的方法批量生产胰岛素以供临床治疗之用。他们因此获得了1923年的生理学或医学诺贝尔奖。

当胰岛素分泌不足时，血液中血糖含量升高，随着尿液排出，形成糖尿病；当胰岛素分泌过多时，又会使血糖浓度下降，产生低血糖症。这两种情形都会引起体内糖代谢的紊乱。胰岛素的发现，为临床治疗提供了新的药品，也推动了蛋白质化学的理论研究。胰岛素是由51个氨基酸组成的多肽，各种动物的胰岛素虽然有些差异，但基本结构是相似的。许多科学家都尝试过将51种氨基酸通过人工合成的方法获得胰岛素结晶。1965年，我国科学家经过6年零9个月的工作，在世界上首次用人工的方法合成了具有生物活性的结晶牛胰岛素。1971年，又成功地测定了胰岛素晶体的空间结构。由于胰岛素在临床治疗上需要量很大，人们一直在寻求提高工业生产胰岛素产量的有效方法。随着20世纪70年代基因重组技术的问世，像胰岛素这样的药物就可以通过基因重组细菌发酵生产了。1978年，通过基因重组的大肠杆菌首次成功地产生了人胰岛素。1982年，通过基因工程生产的人胰岛素即投入了商品市场。过去从牛、羊、猪的胰腺中提取胰岛素，如每生产100克猪胰岛素需要从750千克猪胰中提取，工作量大，产量也远远供不应求，价格昂贵。通过基因工程生产胰岛素,每2000升细菌培养液中就可提取100克,而且比猪胰岛素对人体更安全。

在长期细致的观察和实验中发现:除了高等动物以外,昆虫体内也有激素存在,它们个体虽小,但同样有完备的内分泌器官,分泌重要的激素。已发现的昆虫体内激素多达10多种,其中脑激素、保幼激素、蜕皮激素、滞育激素为主要激素。它们共同调节、控制着昆虫的生长、蜕皮、变态、生殖、滞育等生理环节。某种激素缺少或过多,都会对昆虫产生特殊的影响。因此,人们可利用昆虫体内激素变化的规律来控制昆虫的生理过程。例如在害虫的幼虫期,可大量地给予某种激素,促使害虫提前或推迟蜕皮、羽化;扰乱昆虫的正常生活规律,使害虫产生畸形或不育,减少虫害。

另外,昆虫在一定的时间和场合,还能向体外释放具有挥发性的外激素,如性外激素、聚集外激素、警告外激素、追踪外激素等,用来警告、引诱、通知同伴,达到某种目的。

许多雌蛾常在夜间释放性外激素,有时可扩散到几千米以外,雄蛾通过触角感受到这种特殊物质以后,就会飞来同雌蛾交配;当小蠹虫甲虫发现了寄主植物之后,会分泌聚集外激素,把分散的小蠹甲虫聚集到一起;个别蚜虫发现七星瓢虫、草蜻蛉等天敌时,会释放警告外激素,通知同伴警惕;蜜蜂通过释放追踪外激素,使自己不管飞出多远,仍能准确无误地返回蜂箱⋯⋯

20世纪20年代,人们发现植物体内也有激素——植物激素,它们在植物体内的含量非常少,一般只占植物鲜重的百万分之几,但却有着显著的调节和控制植物生长发育的作用。这些激素包括生长素、赤霉素、细胞分裂素、脱落酸、乙烯等五大类,它们能够促进细胞的生长和分裂、生根、发芽、开花、结果、催熟、防衰老、抑制节间伸长、侧芽生长、休眠、落叶等植物生理活动。

生长素能够促进细胞生长。如果你注意观察的话,会发现窗台上的盆栽花的枝和叶总是向着窗外光线充足的方向生长的,这就是植物的向光性。为什么植物的枝叶会主动朝着向光面呢?因为光线会改变植物体内生长素的分布,向光面的生长素分布少,细胞生长就慢;背光面的生长素分布多,细胞生长较快,这样,枝条就向生长慢的一侧弯曲。植物的向光性使植物能够得到足够的光照，有利于生长。生长素还能促进果实发育，防止落花落果。但如果浓度太高，也能抑制植物的生长。

如果将一块刚收获的马铃薯种到地里，是不可能发芽的，因为马铃薯有休眠期。而赤霉素就有打破某些作物休眠的作用。采用赤霉素打破马铃薯的休眠期，有利于提高出苗率。赤霉素还能大大增加植物的株高，矮玉米经赤霉素处理后可长得跟正常玉米一样高大，它具有跟生长素类似的促进生长的作用。

俗话说："秋风扫落叶"。其实树叶并不是被秋风吹落的，而是植物体内的脱落酸起的作用。脱落酸能促进叶柄的衰老和脱落，这是植物在长期的进化过程中产生的一种适应。在寒冬到来之前，植物脱去叶片，防止水分大量蒸发，使芽处于休眠状态，抵御寒冷的侵袭。

一箱水果中，只要有一只成熟的果实，就能引起整箱水果很快地成熟。这是因为乙烯的催熟作用。成熟果实能释放出乙烯，这种乙烯能促进邻近果实很快成熟，新成熟的果实又产生大量的乙烯，以致很快导致整箱果实的成熟。另外，乙烯还能促进雌花的发育。

五大类激素共同影响着植物的生理活动，随着科学日新月异的发展，可望在农业生产中更合理地利用这些激素来提高作物产量，为人类提供更富足的农产品，缓解人类所面临的日益严重的粮食和资源危机。

胰岛素

胰岛素是胰腺朗格汉斯小岛所分泌的蛋白质激素，由A、B链组成，共含51个氨基酸残基，能增强细胞对葡萄糖的摄取利用，对蛋白质及脂质代谢有促进合成的作用。

胰岛素能促进全身组织对葡萄糖的摄取和利用，并抑制糖原的分解和糖原异生，因此，胰岛素有降低血糖的作用。胰岛素分泌过多时，血糖下降迅速，脑组织受影响最大，可出现惊厥、昏迷，甚至引起胰岛素休克。相反，胰岛素分泌不足或胰岛素受体缺乏常导致血糖升高；若超过肾糖阈，则糖从尿中排出，引起糖尿；同时由于血液成分改变（含有过量的葡萄糖），亦导致高血压、冠心病和视网膜血管病等病变。

孟德尔发现遗传的奥秘

孟德尔选用豌豆做遗传试验有特定的理由：孟德尔发现，豌豆是闭花授粉的植物，由于长期的闭花授粉，保证了豌豆的纯洁性，也就是说，一个开红花的豌豆品种，后代也开红花，高秆的豌豆后代也绝对不会出现矮秆的；在豌豆中，红花与白花、高秆与矮秆、圆粒与皱粒是那样泾渭分明。这些泾渭分明的一对一对的豌豆花色、粒形等称为相对性状。正是由于豌豆的遗传相对性状泾渭分明，而闭花授粉的特点，又使它们的遗传相对性状十分稳定，用具有这样特点的植物作研究，很容易观察到受异种花粉影响的效果。豌豆虽然是闭花植物，但花形比较大，用人工的办法拔除豌豆花中的雄蕊，给雌花送上花粉是容易办到的。

孟德尔胸有成竹地开始了前人没有进行过的遗传实验。他一丝不苟地拔除了红花豌豆的雄花，送上白花豌豆的花粉，得到了杂种第一代（F），第一代种子长出的豌豆开的是红花，让这第一代豌豆闭花授粉，得到了第二代种子，当第二代种子长出的植株开花时，除了 3/4 的植株开红花外，还有 1/4 的植株开的是白花。他把第一代出现的那个亲本的性状叫做显性性状，而未表现出来的那个亲本性状就叫做隐性性状。把第二代中两个亲本的性状同时出现的现象称为"分离现象"。孟德尔在用豌豆做杂交试验时，仔细地观察了如下 7 对差别鲜明的性状：

花的颜色：红色与白色；

种子的形状：圆形和皱形；

叶子的颜色：黄色和绿色；

开花的位置：腋生（即枝杈生）和顶生；

成熟豆荚的形状：饱满和萎缩；

植株的高度：高和矮。

最初的试验是将上述单个性状上有明显差别的两种豌豆（亲本）杂交，上述 7 组相对性状分别做了 7 次杂交。7 次杂交的结果具有惊人的一致性。那就是杂种一代都只出现一个亲本的性状，例如开红花的植株与开白花的植株

杂交,杂种一代总是清一色的红花;子叶是黄色的豌豆与子叶是绿色的豌豆杂交,子一代(F)总是具有黄色子叶的性状等,这种在杂种一代中只出现杂交双亲中一个亲本性状的现象在孟德尔观察的 7 对相对性状的杂交中,无一例外。此外,当杂种一代自花授粉时,得到了杂种二代种子。在 7 次杂交的杂种二代中,都出现了两个杂交亲本的性状,即都出现分离现象。更有趣的是,杂种二代中,第一代出现过的那个亲本的性状(显性性状)和第一代未出现的那个亲本的性状(隐性性状)都为 3:1。

1866 年,孟德尔发表了《植物的杂交试验》这篇论文,揭示了生物性状的分离和自由组合的遗传定律,以后人们分别称他的发现为"孟德尔第一定律"和"孟德尔第二定律"。

然而,这篇在现在看来具有划时代意义的论文,在当时仍然未引起任何反响。究其原因有三个:

第一,在孟德尔论文发表前的 1859 年,达尔文的名著《物种起源》出版了。这部著作引起了科学界的兴趣,几乎全部的生物学家转向生物进化的讨论,从而忽视了对孟德尔论文的关注。

第二,当时的科学界缺乏理解孟德尔定律的思想基础。首先,那个时代的科学思想还没有包含孟德尔论文所提出的命题:遗传的不是一个个体的全貌,而是一个个性状。其次,孟德尔论文的表达方式是全新的,他把生物学和统计学、数学结合了起来,使得同时代的博物学家很难理解论文的真正含义。

第三,有的权威出于偏见或不理解,把孟德尔的研究视为一般的杂交实验,和别人做的没有多大差别。

孟德尔晚年曾经充满信心地对他的好友,布鲁恩高等技术学院大地测量学教授尼耶塞尔说:"看吧,我的时代来到了。"这句话成为伟大的预言。直到孟德尔逝世 16 年后,豌豆实验论文正式出版后 34 年,他从事豌豆试验后 43 年,预言才变成现实。

直到 1900 年才由荷兰的德弗里斯斯、德国的柯伦斯、奥地利的丘歇马克在各自的豌豆杂交试验中分别予以证实,从而揭开了现代遗传学的帷幕。孟德尔因此被誉为遗传学的真正的奠基人,被称为"现代遗传学之父"。

遗传信息的基本单位——基因

基因是有遗传效应的 DNA 片断,是控制生物性状的基本遗传单位。

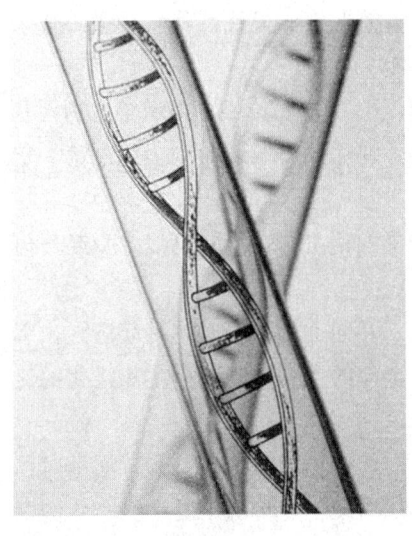

基　因

人们对基因的认识是不断发展的。19 世纪 60 年代,遗传学家孟德尔就提出了生物的性状是由遗传因子控制的观点,但这仅仅是一种逻辑推理的产物。20 世纪初期,遗传学家通过果蝇的遗传实验,认识到基因存在于染色体上,并且在染色体上是呈线性排列,从而得出了染色体是基因载体的结论。

20 世纪 50 年代以后,随着分子遗传学的发展,尤其是沃森和克里克提出双螺旋结构以后,人们才真正认识了基因的本质,即基因是具有遗传效应的 DNA 片断。研究结果还表明,每条染色体只含有 1~2 个 DNA 分子,每个 DNA 分子上有多个基因,每个基因含有成百上千个脱氧核苷酸。由于不同基因的脱氧核苷酸的排列顺序(碱基序列)不同,因此,不同的基因就含有不同的遗传信息。1994 年中科院曾邦哲提出了系统遗传学的概念与原理,探讨猫之为猫、虎之为虎的基因逻辑与语言,提出基因之间相互关系与基因组逻辑结构及其程序化表达的发生研究。

基因有两个特点:一是能忠实地复制自己,以保持生物的基本特征;二是基因能够"突变",突变绝大多数会导致疾病,另外的一小部分是非致病突变。非致病突变给自然选择带来了原始材料,使生物可以在自然选择中被选择出最适合自然的个体。

含特定遗传信息的核苷酸序列是遗传物质的最小功能单位。除某些病毒的基因由核糖核酸(RNA)构成以外,多数生物的基因由脱氧核糖核酸(DNA)构成,并在染色体上作线状排列。"基因"一词通常指染色体基因。

在真核生物中，由于染色体都在细胞核内，所以又称为核基因。位于线粒体和叶绿体等细胞器中的基因则称为染色体外基因、核外基因或细胞质基因，也可以分别称为线粒体基因、质粒和叶绿体基因。

在通常的二倍体的细胞或个体中，能维持配子或配子体正常功能的最低数目的一套染色体称为染色体组或基因组，一个基因组中包含一整套基因。相应的全部细胞质基因构成一个细胞质基因组，其中包括线粒体基因组和叶绿体基因组等。原核生物的基因组是一个单纯的 DNA 或 RNA 分子，因此又称为基因带，通常也称为它的染色体。

基因在染色体上的位置称为座位，每个基因都有自己特定的座位。凡是在同源染色体上占据相同座位的基因都称为等位基因。在自然群体中往往有一种占多数的（因此常被视为正常的）等位基因，称为野生型基因；同一座位上的其他等位基因一般都直接或间接地由野生型基因通过突变产生，相对于野生型基因，称它们为突变型基因。在二倍体的细胞或个体内有两个同源染色体，所以每一个座位上有两个等位基因。如果这两个等位基因是相同的，那么就这个基因座位来讲，这种细胞或个体称为纯合体；如果这两个等位基因是不同的，就称为杂合体。在杂合体中，两个不同的等位基因往往只表现一个基因的性状，这个基因称为显性基因，另一个基因则称为隐性基因。在二倍体的生物群体中等位基因往往不止两个，两个以上的等位基因称为复等位基因。不过有一部分早期认为是属于复等位基因的基因，实际上并不是真正的等位，而是在功能上密切相关、在位置上又邻接的几个基因，所以把它们另称为拟等位基因。某些表型效应差异极少的复等位基因的存在很容易被忽视，通过特殊的遗传学分析可以分辨出存在于野生群体中的几个等位基因。这种从性状上难以区分的复等位基因称为同等位基因。许多编码同工酶的基因也是同等位基因。

属于同一染色体的基因构成一个连锁群（见连锁和交换）。基因在染色体上的位置一般并不反映它们在生理功能上的性质和关系，但它们的位置和排列也不完全是随机的。在细菌中编码同一生物合成途径中有关酶的一系列基因常排列在一起，构成一个操纵子（见基因调控）；在人、果蝇和小鼠等不同的生物中，也常发现在作用上有关的几个基因排列在一起，构成一个基因复合体或基因簇或者称为一个拟等位基因系列或复合基因。

对基因认识的不断深化

从孟德尔定律的发现到现在，100多年来人们对基因的认识在不断地深化。

1866年，奥地利学者G. J. 孟德尔在他的豌豆杂交实验论文中，用大写字母A、B等代表显性性状如圆粒、子叶黄色等，用小写字母a、b等代表隐性性状如皱粒、子叶绿色等。他并没有严格地区分所观察到的性状和控制这些性状的遗传因子。但是从他用这些符号所表示的杂交结果来看，这些符号正是在形式上代表着基因，而且至今在遗传学的分析中为了方便起见仍沿用它们来代表基因。

20世纪初孟德尔的工作被重新发现以后，他的定律又在许多动植物中得到验证。1909年丹麦学者W. L. 约翰森提出了"基因"这一名词，用它来指任何一种生物中控制任何性状而其遗传规律又符合于孟德尔定律的遗传因子，并且提出基因型和表现型这样两个术语，前者是一个生物的基因成分，后者是这些基因所表现的性状。

1910年美国遗传学家兼胚胎学家T. H. 摩尔根在果蝇中发现白色复眼（white eye，W）突变型，首先说明基因可以发生突变，而且由此可以知道野生型基因W+具有使果蝇的复眼发育成为红色这一生理功能。1911年摩尔根又在果蝇的X连锁基因白眼和短翅两品系的杂交子二代中，发现了白眼、短翅果蝇和正常的红眼长翅果蝇，首先指出位于同一染色体上的两个基因可以通过染色体交换而分处在两个同源染色体上。交换是一个普遍存在的遗传现象，不过直到20世纪40年代中期为止，还从来没有发现过交换发生在一个基因内部的现象。因此当时认为一个基因是一个功能单位，也是一个突变单位和一个交换单位。

20世纪40年代以前，对于基因的化学本质并不了解。直到1944年O. T. 埃弗里等证实肺炎双球菌的转化因子是DNA，才首次用实验证明了基因是由DNA构成。

1955年S. 本泽用大肠杆菌T4噬菌体作材料，研究快速溶菌突变型rⅡ的

基因精细结构，发现在一个基因内部的许多位点上可以发生突变，并且可以在这些位点之间发生交换，从而说明一个基因是一个功能单位，但并不是一个突变单位和交换单位，因为一个基因可以包括许多突变单位（突变子）和许多重组单位（重组子）。

1969 年 J. 夏皮罗等从大肠杆菌中分离到乳糖操纵子，并且使它在离体条件下进行转录，证实了一个基因可以离开染色体而独立地发挥作用，于是颗粒性的遗传概念更加确立。随着重组 DNA 技术和核酸的顺序分析技术的发展，对基因的认识又有了新的发展，主要是发现了重叠的基因、断裂的基因和可以移动位置的基因。

摩尔根

美国人摩尔根（1866—1945 年）毕生从事胚胎学和遗传学研究，在孟德尔定律的基础上，创立现代遗传学的"基因理论"。曾对多种生物和生物学问题进行研究；利用果蝇进行遗传学研究，发现了染色体是基因的载体，确立了伴性遗传规律，并发现位于同一染色体上的基因之间的连锁、交换和不分开等现象，建立了遗传学的第三定律——连锁交换定律。他把 400 多种突变基因定位在染色体上，制成染色体图谱，即基因的连锁图。1928 年，出版了《基因论》专著，对基因这一遗传学基本概念进行了具体而明确的描述。

他创立的基因理论实现了遗传学上的第一次理论综合。在胚胎学和进化论之间架设了遗传学桥梁，推动了细胞学的发展，并促使生物学研究从细胞水平向分子水平过渡，以及遗传学向生物学其他学科的渗透，为生物学实现新的大综合奠定了基础。

基因的分类

20 世纪 60 年代初 F. 雅各布和 J. 莫诺发现了调节基因。把基因区分为结构基因和调节基因是着眼于这些基因所编码的蛋白质的作用：凡是编码酶蛋白、血红蛋白、胶原蛋白或晶体蛋白等蛋白质的基因都称为结构基因；凡是编码阻遏或激活结构基因转录的蛋白质的基因都称为调节基因。但是从基因的原初功能这一角度来看，它们都是编码蛋白质。根据原初功能（即基因的产物）基因可分为：

①编码蛋白质的基因。包括编码酶和结构蛋白的结构基因以及编码作用于结构基因的阻遏蛋白或激活蛋白的调节基因。②没有翻译产物的基因。转录成为RNA以后不再翻译成为蛋白质的转移核糖核酸（tRNA）基因和核糖体核酸（rRNA）基因。③不转录的DNA区段。如启动区、操纵基因等，前者是转录时RNA多聚酶开始和DNA结合的部位；后者是阻遏蛋白或激活蛋白和DNA结合的部位。已经发现在果蝇中有影响发育过程的各种时空关系的突变型，控制时空关系的基因有时序基因、格局基因、选择基因等。

一个生物体内的各个基因的作用时间常不相同，有一部分基因在复制前转录，称为早期基因；有一部分基因在复制后转录，称为晚期基因。一个基因发生突变而使几种看来没有关系的性状同时改变，这个基因就称为多效基因。

不同生物的基因数目有很大差异，已经确知RNA噬菌体MS2只有3个基因，而哺乳动物的每一细胞中至少有100万个基因。但其中极大部分为重复序列，而非重复的序列中，编码肽链的基因估计不超过10万个。除了单纯的重复基因外，还有一些结构和功能都相似的为数众多的基因，它们往往紧密连锁，构成所谓基因复合体或叫做基因家族。

等位基因

位于一对同源染色体的相同位置上控制某一性状的不同形态的基因。不同的等位基因产生例如发色或血型等遗传特征的变化。等位基因控制相对性状的显隐性关系及遗传效应，可将等位基因区分为不同的类别。在个体中，等位基因的某个形式（显性的）可以比其他形式（隐性的）表达得多。等位基因是同一基因的另外"版本"。例如，控制卷舌运动的基因不止一个"版本"，这就解释了为什么一些人能够卷舌，而一些人却不能。有缺陷的基因版本与某些疾病有关，如囊性纤维化。值得注意的是，每个染色体都有一对"复制本"：一个来自父亲，一个来自母亲。这样，我们的大约3万个基因中的每一个都有两个"复制本"。这两个复制本可能相同（相同等位基因），也可能不同。在细胞分裂过程中，染色体的外观就是如此。如果比较两个染色体（男性与女性）上的相同部位的基因带，你会看到一些基因带是相同的，说明这两个等位基因是相同的；但有些基因带却不同，说明这两个"版本"（即等位基因）不同。

拟等位基因：表型效应相似，功能密切相关，在染色体上的位置又紧密连锁的基因。它们像是等位基因，而实际不是等位基因。

传统的基因概念由于拟等位基因现象的发现而更趋复杂。摩根学派在其早期的发现中特别使他们感到奇怪的是相邻的基因一般似乎在功能上彼此无关，各行其是。影响眼睛颜色、翅脉形成、刚毛形成、体色等的基因都可能彼此相邻而处。具有非常相似效应的"基因"一般都仅仅不过是单个基因的等位基因。如果基因是交换单位，那就绝不会发生等位基因之间的重组现象。事实上摩根的学生早期试图在白眼基因座位发现等位基因的交换之所以都告失败，后来才知道主要是由于试验样品少。Oliver首先取得成功，在普通果蝇的菱形基因座位上发现了等位基因不均等交换的证据。两个不同等位基因（Izg/Izp）被标志基因拼合在一起的杂合子以0.2%左右的频率回复到野生型。标志基因的重组证明发生了"等位基因"之间的交换。

非常靠近的基因之间的交换只能在极其大量的试验样品中才能观察到，由于它们的正常行为好像是等位基因，因此称为拟等位基因。它们不仅在功能上和真正的等位基因很相似，而且在转位后能产生突变体表现型。它们不仅存在于果蝇中，而且在玉米中也已发现，特别在某些微生物中发现的频率相当高。分子遗传学对这个问题曾有很多解释，然而由于目前对真核生物的基因调节还知之不多，所以还无法充分了解。

位置效应的发现产生了深刻影响。杜布赞斯基在一篇评论性文章中曾对此作出下面的结论："一个染色体不单是基因的机械性聚合体，而且是更高结构层次的单位……染色体的性质由作为其结构单位的基因的性质来决定；然而染色体是一个和谐的系统，它不仅反映了生物的历史，它本身也是这历史的一个决定因素"。

有些人并不满足于这种对基因的"串珠概念"的温和修正。自从孟德尔主义兴起之初就有一些生物学家援引了看来是足够分量的证据反对基因的颗粒学说。位置效应正好对他们有利。Goldschmidt 这时变成了他们最雄辩的代言人。他提出一个"现代的基因学说"来代替（基因的）颗粒学说。按照他的这一新学说并没有定位的基因而只有"在染色体的一定片段上的一定分子模式，这模式的任何变化（最广义的位置效应）就改变了染色体组成部分的作用从而表现为突变体。"染色体作为一个整体是一个分子"场"，习惯上所谓的基因是这个场的分立的甚至是重叠的区域；突变是染色体场的重新组合。这种场论和遗传学的大量事实相矛盾因而未被承认，但是像 Goldschmidt 这样一位经验丰富的知名遗传学家竟然如此严肃地提出这个理论这件事实就表明基因学说是多么不巩固。从 1930—1950 年所发表的许多理论性文章也反映了这一点。

复等位基因：基因如果存在多种等位基因的形式，这种现象就称为复等位基因。任何一个二倍体个体只存在复等位基因中的两个不同的等位基因。

在完全显性中，显性基因中纯合子和杂合子的表型相同。在不完显性中杂合子的表型是显性和隐性两种纯合子的中间状态。这是由于杂合子中的一个基因无功能，而另一个基因存在剂量效应所致。完全显性中杂合体的表型是兼有显隐两种纯合子的表型。此是由于杂合子中一对等位基因都得到表达所致。

比如决定人类 ABO 血型系统 4 种血型的基因 IA, IB, i，每个人只能有这三个等位基因中的任意两个。

基因突变

定 义

由 DNA 分子中发生碱基对的增添、缺失或改变而引起的基因结构的改变，就叫做基因突变。

一个基因内部可以遗传的结构的改变，又称为点突变，通常可引起一定的表型变化。广义的突变包括染色体畸变，狭义的突变专指点突变。实际上畸变和点突变的界限并不明确，特别是细微的畸变更是如此。野生型基因通过突变成为突变型基因。突变型一词既指突变基因，也指具有这一突变基因的个体。

基因突变通常发生在 DNA 复制时期，即细胞分裂间期，包括有丝分裂间期和减数分裂间期；同时基因突变与脱氧核糖核酸的复制、DNA 损伤修复、癌变及衰老都有关系，基因突变是生物进化的重要因素之一。研究基因突变除了本身的理论意义以外还有广泛的生物学意义。基因突变为遗传学研究提供突变型，为育种工作提供素材，所以它还有科学研究和生产上的实际意义。

特　性

不论是真核生物还是原核生物的突变，也不论是什么类型的突变，都具有随机性、低频性和可逆性等共同的特性。

1. 随机性。指基因突变的发生在时间上、在发生这一突变的个体上、在发生突变的基因上，都是随机的。在高等植物中所发现的无数突变都说明基因突变的随机性。在细菌中情况则更为复杂。

2. 低频性。突变是极为稀有的，基因以极低的突变率（生物界总体平均为 0.0001%）发生突变。

3. 可逆性。突变基因又可以通过突变而成为野生型基因，这一过程称为回复突变。正向突变率总是高于回复突变率，一个突变基因内部只有一个位置上的结构改变，才能使它恢复原状。

4. 少利多害性。一般基因突变会产生不利的影响，被淘汰或是死亡，但有极少数会使物种增强适应性。

5. 不定向性。例如控制黑毛的 a 基因可能突变为控制白毛的 a+ 或控制绿毛的 a–。

种　类

基因突变可以是自发的，也可以是诱发的。自发产生的基因突变型和诱发产生的基因突变型之间没有本质上的不同，基因突变诱变剂的作用也只是提高了基因的突变率。

按照表型效应，突变型可以区分为形态突变型、生化突变型以及致死突变型等。这样的区分并不涉及突变的本质，而且也不严格。因为形态的突变和致死的突变必然有它们的生物化学基础,所以严格地讲一切突变型都是生物化学突变型。按照基因结构改变的类型,突变可分为碱基置换、移码、缺失和插入四种。按照遗传信息的改变方式,突变又可分为错义、无义两类。

条　件

紫外线、完全失重、特定化学物质(如秋水仙素)都可诱变。这三种方法都已得到了应用。

应　用

对于人类来讲,基因突变可以是有用的,也可以是有害的。

1. 诱变育种。通过诱发使生物产生大量而多样的基因突变,从而可以根据需要选育出优良品种,这是基因突变有用的方面。在化学诱变剂发现以前,植物育种工作主要采用辐射作为诱变剂;化学诱变剂发现以后,诱变手段便大大地增加了。在微生物的诱变育种工作中,由于容易在短时间中处理大量的个体,所以一般只是要求诱变剂作用强,也就是说要求它能产生大量的突变。对于难以在短时间内处理大量个体的高等植物来讲,则要求诱变剂的作用较强,效率较高并较为专一。所谓效率较高便是产生更多的基因突变和较少的染色体畸变。所谓专一便是产生特定类型的突变型。以色列培育"彩色青椒"的关键技术就是把青椒种子送上太空,使其在完全失重状态下发生基因突变来育种。

2. 害虫防治。用诱变剂处理雄性害虫使之发生致死的或条件致死的突变,然后释放这些雄性害虫,便能使它们和野生的雄性昆虫相竞争而产生致死的或不育的子代。

3. 诱变物质的检测。多数突变对于生物本身来讲是有害的,人类的癌症的发生也和基因突变有密切的关系,因此环境中的诱变物质的检测已成为公共卫生的一项重要任务。

从基因突变的性质来看,检测方法分为显性突变法、隐性突变法和回复突变法三类。

除了用来检测基因突变的许多方法以外,还有许多用来检测染色体畸变和姐妹染色单体互换的测试系统。当然对于药物的致癌活性的最可靠的测定是哺乳动物体内致癌情况的检测。但是利用微生物中诱发回复突变这一指标作为致癌物质的初步筛选，仍具有重要的实际意义。

巴斯德与疾病细菌学说

路易斯·巴斯德（Louis Pasteur），1822—1895年，法国微生物学家、化学家，近代微生物学的奠基人。

像牛顿开辟出经典力学一样，巴斯德开辟了微生物领域，他也是一位科学巨人。

巴斯德一生进行了多项探索性的研究，取得了重大成果，是19世纪最有成就的科学家之一。他用一生的精力证明了三个科学问题：

巴斯德·路易斯

1. 每一种发酵作用都是由于一种微菌的发展，这位法国化学家发现用加热的方法可以杀灭那些让啤酒变苦的恼人的微生物。很快，"巴氏杀菌法"便应用在各种食物和饮料上。

2. 每一种传染病都是一种微菌在生物体内的发展：由于发现并根除了一种侵害蚕卵的细菌，巴斯德拯救了法国的丝绸工业。

3. 传染病的微菌，在特殊的培养之下可以减轻毒力，使他们从病菌变成防病的疫苗。

他意识到许多疾病均由微生物引起，于是建立起了疾病细菌学说。

路易斯·巴斯德被世人称颂为"进入科学王国的最完美无缺的人"，他不仅是个理论上的天才，还是个善于解决实际问题的人。他于1843年发表的两篇论文《双晶现象研究》和《结晶形态》，开创了对物质光学性质的研究。1856年至1860年，他提出了以微生物代谢活动为基础的发酵本质新理论，

1857年发表的《关于乳酸发酵的记录》是微生物学界公认的经典论文。1880年后又成功地研制出鸡霍乱疫苗、狂犬病疫苗等多种疫苗，其理论和免疫法引起了医学实践的重大变革。此外，巴斯德的工作还成功地挽救了法国处于困境中的酿酒业、养蚕业和畜牧业。

巴斯德被认为是医学史上最重要的杰出人物。巴斯德的贡献涉及几个学科，但他的声誉则集中在保卫、支持病菌论及发展疫苗接种以防疾病方面。

巴斯德并不是病菌的最早发现者。在他之前已有基鲁拉、包亨利等人提出过类似的假想。但是，巴斯德不仅热情勇敢地提出关于病菌的理论，而且通过大量实验，证明了他的理论的正确性，令科学界信服，这是他的主要贡献。

显然病因在于细菌，那么显而易见，只有防止细菌进入人体才能避免得病。因此，巴斯德强调医生要使用消毒法。向世界提出在手术中使用消毒法的约瑟夫·辛斯特便是受了巴斯德的影响。有毒细菌是通过食物、饮料进入人体。巴斯德发展了在饮料中杀菌的方法，后称之为巴氏消毒法（加热灭菌）。

巴斯特50岁时将注意力集中到恶性痈疽上。那是一种危害牲畜及其他动物、包括人在内的传染病。巴斯德证明其病因在于一种特殊细菌，他使用减毒的恶性痈疽杆状菌为牲口注射。

1881年，巴斯德改进了减轻病原微生物毒力的方法，他观察到患过某种传染病并得到痊愈的动物，以后对该病有免疫力。据此用减毒的炭疽、鸡霍乱病原菌分别免疫绵羊和鸡，获得成功。这个方法大大激发了科学家的热情。人们从此知道利用这种方法可以免除许多传染病。

1882年，巴斯德被选为法兰西学院院士，同年开始研究狂犬病，证明病原体存在于患兽唾液及神经系统中，并制成减毒活疫苗，成功地帮助人获得了该病的免疫力。按照巴斯德免疫法，医学科学家们创造了防止若干种危险病的疫苗，成功地免除了斑疹伤寒、小儿麻痹等疾病的威胁。

说到狂犬病，人们自然会想到巴斯德那段脍炙人口的故事。在细菌学说占统治地位的年代，巴斯德并不知道狂犬病是一种病毒病，但从科学实践中他知道有侵染性的物质经过反复传代和干燥，会减少其毒性。他将含有病原的狂犬病的延髓提取液多次注射兔子后，再将这些减毒的液体注射狗，以后

生物化学的入门知识

狗就能抵抗正常强度的狂犬病毒的侵染。1885年，人们把一个被疯狗咬得很厉害的9岁男孩送到巴斯德那里请求抢救，巴斯德犹豫了一会儿后，就给这个孩子注射了毒性减到很低的上述提取液，然后再逐渐用毒性较强的提取液注射。巴斯德的想法是希望在狂犬病的潜伏期过去之前，使他产生抵抗力。结果巴斯德成功了，孩子得救了。在1886年，巴斯德还救活了另一位在抢救被疯狗袭击的同伴时被严重咬伤的15岁牧童朱皮叶，现在记述着少年的见义勇为和巴斯德丰功伟绩的雕塑就坐落在巴黎巴斯德研究所外。巴斯德在1889年发明了狂犬病疫苗，他还指出这种病原物是某种可以通过细菌滤器的"过滤性的超微生物"。

巴斯德本人最为著名的成就是发展了一项对人进行预防接种的技术。这项技术可使人抵御可怕的狂犬病。其他科学家应用巴斯德的基本思想先后发展出抵御许多种严重疾病的疫苗，如预防斑疹伤寒和脊髓灰质炎等疾病。

正是他做了比别人多得多的实验，令人信服地说明了微生物的产生过程。巴斯德还发现了厌氧生活现象，也就是说某些微生物可以在缺少空气或氧气的环境中生存。巴斯德对蚕病的研究具有极大的经济价值，他还发展了一种用于抵御鸡霍乱的疫苗。

人们常将巴斯德同英国医生爱德华·琴纳比较。琴纳发展了一种抵御天花的疫苗，而巴斯德的方法可以并已经应用于防治很多种疾病。

生物化学的内容

生物化学这一名词的出现大约在19世纪末20世纪初，但它的起源可追溯得更远，其早期的历史是生理学和化学的早期历史的一部分。例如18世纪80年代，拉瓦锡证明呼吸与燃烧一样是氧化作用，几乎同时科学家又发现光合作用本质上是动物呼吸的逆过程。又如1828年F.沃勒首次在实验室中合成了一种有机物——尿素，打破了有机物只能靠生物产生的观点，给"生机论"以重大打击。1860年L.巴斯德证明发酵是由微生物引起的，但他认为必须有活的酵母才能引起发酵。1897年毕希纳兄弟发现酵母的无细胞抽提液可进行发酵，证明没有活细胞也可进行如发酵这样复杂的生命活动，终于推翻了"生机论"。

组成生物体的化学元素主要是 C、H、O、N、P、S 和 Ca、Mg、Na、K、Cl 等元素。这些元素构成的各种有机化合物和无机化合物存在于体内。其中，蛋白质（酶）、核酸（DNA 和 RNA）、糖复合物和复合脂类等聚合物的相对分子质量较大，成为生物大分子。静态生物化学研究蛋白质、核酸、糖类和脂类等生命物质的化学组成、分子结构和理化性质以及它们在生物机体内的分布和所起的作用。

动态生物化学研究生命物质在生物机体中的新陈代谢及其规律，研究物质的消化、吸收—中间代谢—废物排泄过程。中间代谢包括生物大分子在细胞中的分解、合成、转化和能量转移的过程和规律。机体的各种代谢活动是在一系列酶的作用下被调控着有条不紊地进行的。

生物化学同时也是一门实验学科，生物化学的一切成果均建立在严谨的科学实验基础之上。这些技术包括生物大分子的提取、分离、纯化与检测技术，生物大分子组成成分的序列分析和体外合成技术，物质代谢与信号转导的跟踪检测技术以及基因重组、转基因、基因剔除、基因芯片等基因研究的相关技术等。生物化学技术不是单纯的化学技术，其中融入了生物学、物理学、免疫学、微生物学、药理学等知识与技术，作为其研究手段。这些技术的发展以及新技术、新仪器的不断涌现，促进了生物化学的发展，同时也推动了其他学科的发展。

生物化学的发展大体可分为三个阶段：

第一阶段：从 19 世纪末到 20 世纪 30 年代，主要是静态的描述性阶段，对生物体各种组成成分进行分离、纯化、结构测定、合成及理化性质的研究。其中菲舍尔测定了很多糖和氨基酸的结构，确定了糖的构型，并指出蛋白质是肽键连接的。1926 年萨姆纳制得了脲酶结晶，并证明它是蛋白质。

此后四五年间诺思罗普等人连续结晶了几种水解蛋白质的酶，指出它们都无例外地是蛋白质，确立了酶是蛋白质这一概念。通过食物的分析和营养的研究发现了一系列维生素，并阐明了它们的结构。

与此同时，人们又认识到另一类数量少而作用重大的物质——激素。它和维生素不同，不依赖外界供给，而由动物自身产生并在自身中发挥作用。肾上腺素、胰岛素及肾上腺皮质所含的甾体激素都在这一阶段发现。此外，

生物化学的入门知识

中国生物化学家吴宪在 1931 年提出了蛋白质变性的概念。

第二阶段：约在 20 世纪 30—50 年代，主要特点是研究生物体内物质的变化，即代谢途径，所以称为动态生化阶段。其间突出成就是确定了糖酵解、三羧酸循环以及脂肪分解等重要的分解代谢途径。对呼吸、光合作用以及腺苷三磷酸（ATF）在能量转换中的关键位置有了较深入的认识。

当然，这种阶段的划分是相对的。对生物合成途径的认识要晚得多，在 20 世纪 50—60 年代才阐明了氨基酸、嘌呤、嘧啶及脂肪酸等的生物合成途径。

第三阶段：从 20 世纪 50 年代开始，主要特点是研究生物大分子的结构与功能。生物化学在这一阶段的发展以及物理学、技术科学、微生物学、遗传学、细胞学等其他学科的渗透，产生了分子生物学，并成为生物化学的主体。

总之，生物化学是生命的化学，是研究生物体的化学组成和化学变化规律的科学，即以生物体（包括人、动物、植物、微生物和病毒）为研究对象，运用化学的原理、方法研究生物体的物质组成、结构、性质、结构与功能的关系、物质在体内发生的化学变化以及这些变化与生命活动之间关系的科学，通过对生物体物质构成、变化规律的了解，达到认识生命现象的本质，并将这些知识应用于工、农、医等领域的目的。

医学领域里的生物化学

20世纪50年代,生物化学的发展进入了分子生物学时期。分子生物学的发展揭示了生命本质的高度有序性和一致性,是人类在认识论上的巨大飞跃,其对疾病病理认识深刻透彻,有利于疾病的诊断与防治。

生物化学的理论和方法与临床实践的结合,产生了医学生化的许多领域,如:研究生理功能失调与代谢紊乱的病理生物化学,以酶的活性、激素的作用与代谢途径为中心的生化药理学,与器官移植和疫苗研制有关的免疫生化等。

对一些常见病和严重危害人类健康的疾病的生化问题进行研究,有助于进行预防、诊断和治疗。对幽门螺旋菌的破译,使人们认识到它是慢性活动性胃炎、消化性溃疡和胃癌等的主要致病因素,对诊断与防治疾病作用极大;磺胺药物的发现开辟了利用抗代谢物作为化疗药物的新领域,"生物导弹"单克隆抗体对癌细胞有命中率高、杀伤力强的优点;"人体器官再造"技术的日益成熟给那些有生理缺陷的人带来希望;青霉素的发现开创了抗生素化疗药物的新时代,再加上各种疫苗的普遍应用,使很多严重危害人类健康的传染病得到控制或基本被消灭。

令人恐怖的 SARS

SARS 病毒

非典型性肺炎是指还没找到确切的病源、尚不明确病原体的肺炎。目前特指在中国 2003 年流行的非典型性肺炎。非典型肺炎是指一组由上述非典型病原体引起的疾病，而不是一个明确的诊断。其临床特点为隐匿性起病，多为干性咳嗽，偶见咯血，肺部听诊较少阳性体征；X 线胸片主要表现为间质性浸润；其疾病过程通常较轻，患者很少因此而死亡。

非典型肺炎是相对典型肺炎而言的。典型肺炎通常是由肺炎球菌等常见细菌引起的，症状比较典型，如发烧、胸痛、咳嗽、咳痰等。实验室检查血白细胞增高，抗生素治疗有效。非典型肺炎本身不是新发现的疾病，它多由病毒、支原体、衣原体、立克次体等病原引起，症状、肺部体征、验血结果没有典型肺炎感染那么明显，一些病毒性肺炎抗生素无效。

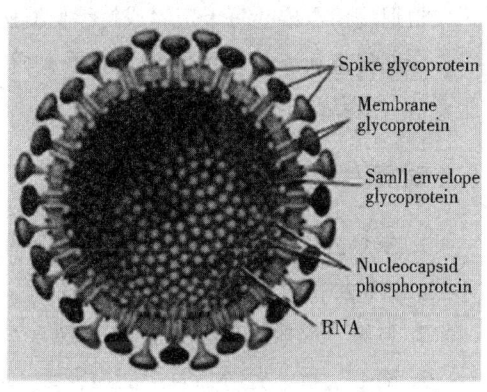

SARS 病毒

非典型肺炎的名称起源于 1930 年末，与典型肺炎相对应，后者主要为由细菌引起的大叶性肺炎或支气管肺炎。20 世纪 60 年代，将当时发现的肺炎支原体作为非典型肺炎的主要病原体，但随后又发现了其他病原体，尤其是肺炎衣原体。目前认为，非典型肺炎的病原体主要包括肺炎支原体、肺炎衣原体、鹦鹉热衣原体、军团菌和立克次体（引起 Q 热肺炎），尤以前两者多见，几乎占每年成年人社区获得性肺炎住院患者的 1/3。这些病原体大多为细胞内寄生，没有细胞壁，因此可渗入细胞内的广谱抗生素（主要是大环内酯类和四环素类抗生素）对其治疗有效，而β内酰胺类抗生素无效。而对于由病毒引起的非典型肺炎，抗生素是无效的。

虽然 SARS 的致病原已经基本明确，但发病机制仍不清楚，目前尚缺少针对病因的治疗。基于上述认识，临床上应以对症治疗和针对并发症的治疗为主。在目前疗效尚不明确的情况下，应尽量避免多种药物（如抗生素、抗病毒药、免疫调节剂、糖皮质激素等）长期、大剂量地联合应用。

一般治疗与病情监测

卧床休息，注意维持水电解质平衡，避免用力和剧烈咳嗽，密切观察病情变化（不少患者在发病后的 2~3 周内都可能属于进展期），一般早期给予持续鼻导管吸氧（吸氧浓度一般为 1~3 L/min）。

根据病情需要，每天定时或持续监测脉搏容积血氧饱和度。

定期复查血常规、尿常规、血电解质、肝肾功能、心肌酶谱、T 淋巴细胞亚群（有条件时）和 X 线胸片等。

对症治疗

1. 发热大于 38.5 ℃或全身酸痛明显者，可使用解热镇痛药。高热者给予冰敷、酒精擦浴、降温毯等物理降温措施，儿童禁用水杨酸类解热镇痛药。
2. 咳嗽、咳痰者可给予镇咳、祛痰药。
3. 有心、肝、肾等器官功能损害者，应采取相应治疗。
4. 腹泻患者应注意补液及纠正水、电解质失衡。

糖皮质激素的使用

应用糖皮质激素的目的在于抑制异常的免疫病理反应，减轻全身炎症反应状态，从而改善机体的一般状况，减轻肺的渗出、损伤，防止或减轻后期的肺纤维化。应用指征如下：①有严重的中毒症状，持续高热不退，经对症治疗 3 天以上最高体温仍超过 39 ℃；②X 线胸片显示多发或大片阴影，进展迅速，48 小时之内病灶面积大于 50%且在正位胸片上占双肺总面积的 1/3 以上；③达到急性肺损伤（ALI）或 ARDS 的诊断标准。具备以上指征之一即可应用。成人推荐剂量相当于甲泼尼龙 80~320 mg/d，静脉给药具体剂量可根据病情及个体差异进行调整。当临床表现改善或胸片显示肺内阴影有所吸收时，逐渐减量停用。一般每 3~5 天减量 1/3，通常静脉给药 1~2 周后可改变口服泼尼松或泼尼龙。一般不超过 4 周，不宜过大剂量或过长疗程，应同时应用制酸剂和胃黏膜保护剂，还应警惕继发感染，包括细菌或/和真菌感染，也要注意潜在的结核病灶感染扩散。

抗病毒治疗

目前尚未发现针对 SARS - CoV 的特异性药物。临床回顾性分析资料显示，利巴韦林等常用抗病毒药对本病没有明显治疗效果。可试用蛋白酶抑制剂类药物 Kaletra 咯匹那韦（Lopinavir）及利托那韦（Ritonavir）等。

免疫治疗

胸腺素、干扰素、丙种球蛋白等非特异性免疫增强剂对本病的疗效尚未肯定，不推荐常规使用。SARS 恢复期血清的临床疗效尚未被证实，对诊断明确的高危患者，可在严密观察下试用。

抗菌药物的使用

抗菌药物的应用目的主要为两个：一是用于对疑似患者的试验治疗，以帮助鉴别诊断；二是用于治疗和控制继发细菌、真菌感染。

鉴于 SARS 常与社区获得性肺炎（CAP）相混淆，而后者常见致病原为肺炎链球菌、支原体、流感嗜血杆菌等，在诊断不清时可选用新喹诺酮类或 β - 内酰胺类联合大环内酯类药物试验治疗。继发感染的致病原包括革兰阴性杆菌、耐药革兰阳性球菌、真菌及结核分枝杆菌，应有针对性地选用适当的抗菌药物。

遗传因素引起分子病

分子病是由遗传因素引起的一种疾病。DNA 把"上一辈"的遗传密码传给"下一辈"，由 RNA"翻译"出来并指导合成蛋白质。每种蛋白质都有自已特定的密码，从而使合成的蛋白质具有严格的氨基酸排列顺序的特定的空间结构，以完成各种生物功能。在遗传过程中，如果 DNA 把密码传递错了或者 RNA 把密码翻译错了，就会合成出与正常情况不同的蛋白质。就是说，蛋白质中氨基酸的排列顺序或者空间结构与正常的不一样，这就造成这种蛋白质的功能出现缺陷，甚至功能完全丧失。这种由遗传因素决定的蛋白质中氨基酸排列与正常不同所引起的病症，叫做分子病。

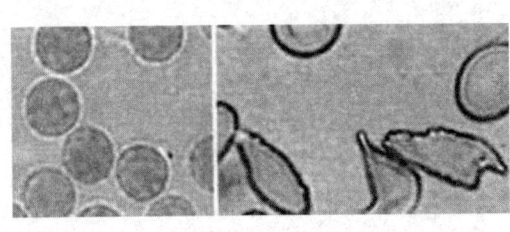

分子病

1910 年，在非洲发现了一种贫血病，患者在缺氧的条件下，感到头昏、胸闷，严重的就死亡。科学家经过 40 年的研究，确认这种病叫"镰刀形红细胞贫血病"，是一种分子病。病因是正常血红蛋白上的两个谷氨酸被两个缬氨酸代替，产生了"有病"的血红蛋白。正常的红细胞是扁圆形的，在血管里负责运送氧和二氧化碳。"有病"的血红蛋白虽然也能完成这项任务，但是，"有病"的血红蛋白在红细胞中的数量增多时，它们会互相吸引，一个接一个地凝聚在一起，形成一条蛋白质链，使原来鼓鼓囊囊的红细胞变成了镰刀形。在缺氧条件下，镰刀形的红细胞容易破裂，使运氧机能遭到破坏，出现贫血症。根本原因是 DNA 上的 CTT 变成 CAT。近年来，随着分子生物学的发展，分子病的研究有了较大进展。已查明结构上的血红蛋白分子病就有 380 多种，除了单个的碱基替换外，还发现了其他类型的 DNA 分子变化。另外，某些放射线、环境污染及地理因素引起的疾病，以及恶性肿瘤致病的原因都与 DNA 分子结构改变有关，其中，癌是常见的一种。通过对分子病的研究，可以对"不治之症"采用预防和治疗措施。

血红蛋白

血红蛋白是一组红色含铁的携氧蛋白质，存在于脊椎动物、某些无脊椎动物血液和豆科植物根瘤中。血红蛋白可以用平均细胞血红蛋白浓度测出浓

度。血红蛋白是使血液呈红色的蛋白,它由四条链组成,两条α链和两条β链,每一条链有一个包含一个铁原子的环状血红素。氧气结合在铁原子上,被血液运输。

血红蛋白与氧结合的过程是一个非常神奇的过程。首先一个氧分子与血红蛋白四个亚基中的一个结合,与氧结合之后的珠蛋白结构发生变化,造成整个血红蛋白结构的变化,这种变化使得第二个氧分子相比于第一个氧分子更容易寻找血红蛋白的另一个亚基结合,而它的结合会进一步促进第三个氧分子的结合,以此类推直到构成血红蛋白的四个亚基分别与四个氧分子结合。而在组织内释放氧的过程也是这样,一个氧分子的离去会刺激另一个的离去,直到完全释放所有的氧分子,这种有趣的现象称为协同效应。

流感与艾滋病的致病机理

你患过流行性感冒吗?我猜测,每个人的回答都是肯定的。对于流感造成的鼻塞、流涕、淌眼泪、寒颤不适,甚至头痛发热,每个人都深有体会。因为我们都不止一次地患过流感。这种感冒因为常以流行的方式出现而得名。流感的流行是波浪式地发生,高峰在冬季,通常每隔3~5年大流行一次。例如1957年春季,流感从中国大陆传到香港,同年夏季传入欧洲和美国,为秋季大流行播下了种子。人类频繁和广泛的活动,致使疾病迅速传播。这次大流行中,全世界的患者约有8000万人。1962—1963年间的大流行,导致全世界约46000人死亡。1968年夏季,流感先在香港暴发,然后迅速蔓延到全世界,仅在美国就有近3000万人患病,近20000人死亡。

流感一再暴发,使我们不仅产生了疑问,为什么患过天花或只要种过牛痘以后就能终身免疫,而流感却一患再患呢?难道引起流感的病原体与天花、牛痘这类病原体不一样吗?是的,流感病原体确实与众不同。虽然天花、牛痘、流感的病原体都是病毒,但流感病毒的遗传物质——核酸,不是通常的双股DNA,而是单股的RNA,基因组的总分子量为$2 \times 10^{-6} \sim 4 \times 10^{-6}$,分成8个节段。因此,每个流感病毒都具有8个RNA片断,每个片断的分子量通常是200万~400万。由于流感病毒有分节段的基因组,所以其有多种生物学特性，其中最突出的就是高重组频率，即8个RNA片断相互之间具有较高的重新组合的频率。每一次基因重组或突变都会导致它所编码的蛋白质改变，使病毒带有新的抗原（这一过程称为抗原漂移），获得生存下去的优势。因为人群中抵抗这种新型病毒的抗体水平极低，这样流行就可能发生。研究证实，病毒至少含有20种以上不同的抗原，流感病毒多次感染人体，就是因为发生了抗原漂移。它每次都以新的面貌出现，而体内上次感染产生的抗体无法发挥作用，使人又一次患病。有人也尝试过用注射流感疫苗的方法来预防，但效果实在不能令人满意，它只能提供短暂性保护，因为流行的流感病毒抗原不断地发生变化。有人认为，如果能制造出包括已存在的各种不同抗原成分的疫苗的话，有效地控制流感是可能的。这种疫苗含有一种抗原组合，能代表所有已知的流感抗原，但是抗原漂移是无法预见的，因而流感控制的前景实际上是没有把握的。对于预防流感，人类在很大程度上依旧是听天由命。看来，一个健康的免疫系统也不能无限地保护机体。

　　如果免疫系统本身出了故障，有机体会陷入怎样的境地呢？这似乎是不可思议的事情。但近年来流行的一种新的疾病——后天获得性免疫缺乏综合征，使人类有机会目睹了这一无法想象的事件。

　　也许你没有听说过"后天获得性免疫缺乏综合征"这个名称，但你一定知道"艾滋病（AIDS）"吧，它们指的是同一种疾病。这种病的最早报道见于美国亚特兰大市疾病控制中心1981年6月5日出版的《发病率与死亡率周刊》。到现在短短20多年间，人们对于这种疾病的恐惧程度远远超过了癌症。这种新的可怕的流行病严重威胁生命，死亡率几乎100%。艾滋病也是因病毒感染引起的，导致这种疾病的过程是发生在分子中的。艾滋病毒属于一类特殊的病毒，它的遗传物质是RNA。当病毒侵入人体细胞后，在储备的逆转录酶的帮助下，能将RNA作为模板合成DNA，然后再将这新合成的DNA连接到体细胞的遗传物质DNA上，改变了体细胞的编码，使体细胞不再仅产生新的自身的遗传物质，而且产生艾滋病病毒的遗传物质以及形成病毒外壳需要的蛋白质。只要细胞活着，就存在细胞传染，如果细胞自身分裂，遗传物质首先加倍增多，然后也一分为二，病毒的遗传物质也发生同样的变化，并一起进入新的细胞。因此，不仅首先受感染的细胞是具有传染性的，而且他们的后代细胞也是有传染性的。推而广之，受感染的动物和人也总是有传染性的。

现在已经清楚,艾滋病是由非洲的绿色长尾猴传染给人类的。这种猴体重10千克左右,居住在中非、东非和西非的森林和大草原中。在调查中发现,被捕获的健康野生猴42%在血液中带有艾滋病病毒的抗体,但却没有找到一只生病的绿色长尾猴。这种猴作为艾滋病病毒的寄主,尽管受到感染,仍能保持完全健康。一旦病原体传给人类时,则提高了病毒的危险性。对猴没有危险的病毒,有可能在人类猎取、肢解和训练绿色长尾猴时受了伤,而从动物体到达人体内,并发展成致命的病毒。

人体健康的免疫系统工作的途径以及艾滋病毒侵入人体后免疫系统损伤的情况,是足以使你"不寒而栗"的。

人类生活在一个充斥着各种病原体的环境中。一旦我们免疫系统的机能衰竭了,那么就像一个没有军队、没有丝毫自卫能力的国家处于敌国的包围之中一样,其最后的结局只有灭亡。最早报道的5位患艾滋病的年轻美国人,年龄都在29~36岁之间,发病前都很健康,却都因微不足道的卡氏肺囊虫、巨细胞病毒、真菌的感染,不久都相继去世了。

小儿麻痹症

脊髓灰质炎是急性传染病,由病毒侵入血液循环系统引起,部分病毒可侵入神经系统。患者多为1~6岁儿童,主要症状是发热、全身不适,严重时肢体疼痛,发生瘫痪,俗称小儿麻痹症。

脊髓灰质炎是一种急性病毒性传染病,其临床表现多种多样,包括程度很轻的非特异性病变、无菌性脑膜炎(非瘫痪性脊髓灰质炎)和各种肌群的弛缓性无力(瘫痪性脊髓灰质炎)。脊髓灰质炎病人,由于脊髓前角运动神经元受损,与之有关的肌肉失去了神经的调节作用而发生萎缩,同时皮下脂肪、肌腱及骨骼也萎缩,使整个机体变细。

脊髓灰质炎病毒是一种体积小(22~30 μm),单链RNA基因组,缺少外膜的肠道病毒。按免疫性可分为三种血清型,其中Ⅰ型最容易导致瘫痪,也最容易引起流行。

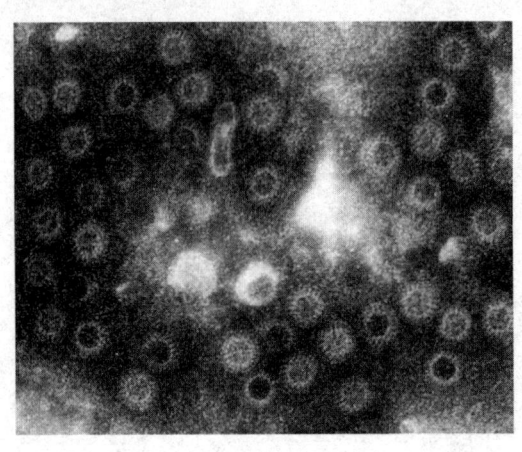

脊髓灰质病毒

人是脊髓灰质炎病毒惟一的自然宿主,本病通过直接接触传染,是一种传染性很强的接触性传染病。隐性感染(最主要的传染源)在无免疫力的人群中常见,而明显发病者少见;即使在流行时,隐性感染与临床病例的比例仍然超过100:1。一般认为,瘫痪性病变在发展中国家(主要是热带)少见,但近来对跛行残疾的调查发现,这些地区的发病率达到美国接种疫苗以前的高峰发病年份。这些地区环境卫生和个人卫生都很差,病毒传播广泛,终年发病,因而小儿在出生后几年内就获得感染和免疫,而不发生大流行。瘫痪病例中,90%以上发生于5岁以前。相比之下,环境卫生和个人卫生好的经济发达国家,感染的年龄往往推迟,许多年长儿和青年人仍然是易感者,夏季流行在年长儿中越来越多。在工业化国家,由于疫苗的广泛使用,脊髓灰质炎目前已基本消灭。在全世界范围内,消灭脊髓灰质炎已经为时不远。

临床表现差异很大,有两种基本类型:轻型(顿挫型)和重型(瘫痪型或非瘫痪型)。

轻型脊髓灰质炎占临床感染的80%~90%,主要发生于小儿,临床表现轻,中枢神经系统不受侵犯。在接触病原后3~5天出现轻度发热、不适、头痛、咽喉痛及呕吐等症状,一般在24~72小时之内恢复。

重型常在轻型的过程后平稳几天,然后突然发病,更常见的是发病无前驱症状,特别在年长儿和成人。潜伏期一般为7~14日,偶尔可较长。发病后发热,严重的头痛,颈背僵硬,深部肌肉疼痛,有时有感觉过敏和感觉异常,在急性期出现尿潴留和肌肉痉挛,深腱反射消失,可不再进一步进展,但也可能出现深腱反射消失,不对称性肌群无力或瘫痪,这主要取决于脊髓或延髓损害的部位。呼吸衰弱可能由于脊髓受累使呼吸肌麻痹,也可能是由

于呼吸中枢本身受病毒损伤所致。吞咽困难，鼻反流，发声时带鼻音是延髓受侵犯的早期体征，脑病体征偶尔比较突出，脑脊液糖正常，蛋白轻度升高，细胞计数10～300个/微升（淋巴细胞占优势），外周血白细胞计数正常或轻度升高。

治疗是对症性的。顿挫型或轻型非瘫痪型脊髓灰质炎仅需卧床几日，用解热镇痛药对症处理。

当患急性脊髓灰质炎时，可睡在硬板床上（用足填板，有助于防止足下垂）。如果发生感染应给予适当抗生素治疗，并大量饮水以防在泌尿道内形成磷酸钙结石。在瘫痪型脊髓灰质炎恢复期，理疗是最重要的治疗手段。

脊髓病变引起呼吸肌麻痹，或者病毒直接损害延髓的呼吸中枢引起颅神经所支配的肌肉麻痹时，都可能导致呼吸衰竭，此时需要进行人工呼吸。对咽部肌肉无力、吞咽困难、不能咳嗽、气管支气管分泌物积聚的病人，应进行体位引流和吸引，常需要气管切开或插管，以保证气道通畅。在呼吸衰竭时常发生肺不张，故常需作支气管镜检查及吸引。若无感染不主张用抗菌药。

向病根开刀的基因疗法

经常听到这样的疑问："我父亲家族有心脑血管病史，我会不会也跑不了。""我母亲有糖尿病，我会不会得？""许多癌症要追究家族史，难道癌症会遗传吗？"

人们一般认为，遗传病就像接力棒一样，代代血脉相传，其实，像心脑血管疾病、癌症、糖尿病等常见的慢性病并非必然遗传，但一顶"家族病史"的帽子还是成为很多人心头挥之不去的阴云。这些常见的疾病到底遗传吗？有家族病史的人该怎么办？

染色体病是由染色体异常造成。比较常见的染色体病有先天愚型、先天性睾丸或卵巢发育不全综合征等。

大家知道的那些能够代代相传的遗传病大都属于单基因遗传病。19世纪出现于英国王室并通过联姻波及欧洲各王室的血友病，可算是历史上最著名的单基因遗传造成的家族性遗传病例。除此以外，比较常见的单基因遗传病有白化病、高度远视、高度近视、红绿色盲、夜盲症和过敏性鼻炎等。现代医学对单基因遗传病了解得最为清楚，单基因遗传病就是只有一个基因发生突变造成的疾病，可以明确知晓其遗传方式或遗传规律，比如传男不传女或者隔代遗传等。因此许多单基因遗传病在生育阶段就可以控制，比如孕前、孕期遗传病检查和新生儿筛查等，能有效地防止有严重遗传疾病的胎儿诞生。

相对于单基因遗传病，多基因遗传病则更为常见，患病人群也更为广泛，例如，先天性心脏病、糖尿病、哮喘、精神分裂症、癌症、肺结核、重症肌无力、痛风、中低度近视、牛皮癣、类风湿性关节炎等都属于此类。多基因遗传病不仅受多对基因的控制，还受环境因素影响。目前医学对其相互作用方式还并不明了。不同于单基因遗传疾病，多基因疾病的发生只是具有一定的遗传基础，所以常出现家族倾向，但患者亲属的发病率没有规律可循，也不必然发病。

对多基因遗传病而言，遗传因素与环境因素在疾病的发生中各起多大作用呢？遗传学家们提出了"遗传度"这个概念，指遗传因素在疾病发生中所起作用的程度。如果一种病的遗传度是80%，那么环境因素的作用就是20%。遗传因素所起的作用愈大，遗传度愈高，而环境因素作用愈小；反之遗传因素作用愈小，遗传度愈低，而环境因素作用就愈大。

遗传因素决定了一个人比其他人更有可能得病，风险更高，所以不管是心脑血管疾病还是糖尿病等，有家族病史的人便被列入高危人群。左教授说："亲属再发风险的高低与许多因素有关。第一，与疾病发生的主要原因是遗传还是环境有关，如果是遗传，则再发风险高；第二，与疾病的严重程度（如畸形程度）有关，越严重则再发风险越高；第三，与患者亲缘关系越近，再发风险越高，直系亲属的再发风险明显高于旁系；第四，家族中患者人数越多，再发风险越高。"

比如冠心病的遗传因素包括男性、家族史、高脂血症、高血压、糖尿病、肥胖症等，后天环境因素如吸烟、不活动、精神紧张等。高血压病的遗传度约为30%~60%，但环境因素如精神紧张、高盐食物等也是众所周知的致病原因。原癌基因存在于正常细胞中，如果受到射线、化学因素、生物因素的诱导，就像打开了潘多拉的盒子，有可能转化为有活力的癌基因。

除了致病的后天环境因素可以自我控制外，现代医学也正在借助基因治疗这种武器，拿基因来治基因，从根上治疗疾病。当然基因治疗首先取决于对基因功能及其与疾病关系的了解。目前许多科学家都在寻找各种疾病的致病基因，约 1000 多种引起人类各种疾病的基因已得到确认。对于多基因遗传病也同样屡传捷报，比如研究人员已经找到 60 多种原癌基因；第一个引起冠心病和心肌梗塞的致病基因也已经被发现。

基因治疗目前已经逐步从实验室走向临床应用。基因治疗是利用分子生物学中基因重组以及转殖的技术，将患者的致病基因加以修补或置换，使其恢复正常功能，或者在已丧失功能的基因外，输入额外的正常基因，使病人得以恢复健康。它不是向患者提供药物，而是通过改变患者细胞的遗传结构来纠正错误，血友病等已经能进行基因治疗。

染色体

染色体是由脱氧核糖核酸、蛋白质和少量核糖核酸组成的线状或棒状物，是生物主要遗传物质的载体。因是细胞中可被碱性染料着色的物质，故名。

染色体只是染色质的另外一种形态。它们的组成成分是一样的，但是由于构型不一样，所以还是有一定的差别。染色体在细胞的有丝分裂期间由染色质螺旋化形成。人体内每个细胞内有 23 对染色体，包括 22 对常染色体和一对性染色体。性染色体包括 X 染色体和 Y 染色体。含有一对 X 染色体的受精卵发育成女性，而具有一条 X 染色体和一条 Y 染色体者则发育成男性。这样，对于女性来说，正常的性染色体组成是 XX，男性是 XY。

综合疗法治癌症

与以往相比，人类的寿命已经大大延长了。古代，麻风、天花曾是可怕的疾病；中世纪的欧洲流行过"黑死病"，至今人们还记忆犹新；19 世纪，随着抗生素的发现，许多传染病被得到了有效的防治。而癌症，依然使人们胆战心惊，因为人们至今还苦无良策来对付它。可以说，癌症是 20 世纪最严重威胁人类生命和健康的疾病之一。

当然，癌症并不是现在才出现的疾病。古病理学家曾经在恐龙骨骼上发现过癌损害的残迹；古埃及人也很早就用象形文字记载了人类的肿瘤。到公元前4世纪，许多肿瘤（如胃癌、子宫癌等）都有了记载，古希腊医生希波克拉底还用了"癌"这个词来指那些扩散和危害生命的肿瘤。这些都说明：地球上癌症的存在已经有悠久的历史了。

癌症是一类疾病的总称，各种各样的癌不下100种。它们有一个共同的特点就是细胞的生长不受控制和调节。

在正常机体内，各种细胞都按一定的速度和各自的方式生长，像成熟的脑细胞很少分裂，甚至根本不分裂；而有些细胞，例如红细胞却经常在分裂。

机体内很多细胞通常处在"休息"状态，只有必要时才分裂和繁殖。例如，当我们的皮肤被不小心割破时，伤口处的细胞便开始分裂繁殖，形成修复组织；当伤口愈合后，细胞也就停止生长，再次进入"休息"状态。当机体重新发生需要新细胞的信号时，它们又能分裂出大量的细胞。

但是癌细胞不同，癌细胞对身体环境中的控制信号不能正确地作出反应，而是任性地分裂繁殖，毫无节制地快速生长。越是恶性的肿瘤，生长得越快。癌细胞越长越多，形成肿块，压迫四周的组织，妨碍组织的血液供应，并且侵入到周围的组织内，破坏正常组织的结构和功能。

有时，癌细胞还会离开自己的原发部位，随血液和淋巴液到处游荡，在别处落脚，并长成继发性的肿瘤，这个过程称为转移，当癌生长到一定程度时，都可能发生转移。转移给癌症的治疗造成了很大的困难。即使原发性的肿瘤经手术或X射线治疗完全消除后，这种继发性肿瘤还在生长，并可再次转移，最后夺走患者的生命。

随着生物化学、药物学、细胞生物学和分子生物学等学科的发展，对于癌症的原因逐渐有了了解。

遗传理论认为：肿瘤的发生是由于细胞所含的遗传信息发生了变化，如遗传信息的增加、减少或其他改变等。证据是：一些引起癌症的致癌病毒可将自己的遗传信息（DNA片断）插入到人类细胞的DNA链上，使遗传信息增加；而化学物质的渗入以及辐射都会使DNA链上的遗传信息发生改变。无论是致癌病毒的感染，还是接触某些特定的化学物质或辐射，都使癌症的发生率增加。

另外，长期以来，人们对癌细胞的基因做了大量研究后发现，将癌细胞的某个基因激活后转导到正常细胞内，可使正常细胞在体外发生癌变，这种基因被称为癌基因。在正常细胞内，癌基因处于低表达状态而不发挥其作用，所以不致癌；当癌基因被各种致癌因素激活以后，变为高表达状态而导致癌症。在人和动物的体内都存在着癌基因，至今已发现有60多种。它们与细胞和器官的发育增殖都有关，并能促进胚胎期细胞和器官的发育、增殖，因此，癌基因是刺激细胞生长的基因。

近半年还发现，正常细胞内还存在着另一类基因——抑癌基因，这种基因具有抗癌作用，一旦抑癌基因由于遗传或环境因素而丢失或失活时，抗癌作用会消失或减弱，人体就容易患癌症。已发现抑癌基因有10多种，其作用是抑制细胞的生长和繁殖。

遗传因素，自身的免疫机能，环境中的生物、物理、化学等因素，都会成为引发癌症的诱因。在治疗癌症时，人们也大多是从以下几个方面着手来改善机体的健康状况的：

1. 手术疗法。手术切除局部的肿瘤，使早期的癌症极有希望被根治。

2. 放射疗法。深度X射线、镭射线、钴射线以及各种电子束、质子束、中子束等对处于增殖期的癌细胞有显著的杀伤作用，而对正常细胞的杀伤作用相对较弱；放射疗法能保留器官的功能，减轻手术的残疾后果。

3. 化学疗法。用化学药物氨甲喋呤、5-氟尿嘧啶、环磷酰胺、康红霉素、阿霉素、门冬酰胺酶及从天然植物中提取的长春新碱等。它们或干扰某些癌细胞的正常代谢，或通过渗入癌细胞而破坏癌细胞，对于多种癌症都具有一定的治疗作用。

4. 免疫疗法。利用生物技术，人工制取各种细胞因子，注入患者体内，这些细胞因子可杀死肿瘤细胞，提高患者对自己体内癌症的抵抗力。

这四种疗法的用途，可以用一个简单的比喻来比较说明：如果在一块牧草（正常细胞）地里长出了一棵杂草（局部肿瘤），可以把它拔掉（手术疗法）或摧毁掉（放射疗法）；如果野草在牧草里蔓延开了（转移性癌症），这时如果把它拔掉或摧毁掉会破坏整个草地，可选择在草地上喷洒除草剂（化学疗法），有选择地杀死野草，而不伤害牧草；如果草地中零星地散布着野草，则可施加化肥（免疫疗法），促进牧草的生长，使牧草长得比野草更快，将野草闷死。

在治疗癌症时，还常常运用综合疗法，而不是单独地用上述的四种方法。针对某一种特定的癌症或特定的病人，医生们精心地制订出治疗方案，使各种方法之间互相取长补短，更有效地治疗癌症。

例如手术和放射疗法并用，放射疗法可以破坏手术后还可能留在淋巴结和周围组织的少量癌细胞，而手术前进行放射治疗可使大的肿块缩小，降低局部肿瘤的复发，减少肿瘤转移的机会；放射疗法与化学疗法、免疫疗法结合，可有效地治疗那些已经转移的或是复发率较高的癌症患者。

癌症的早期诊断和治疗是20世纪人类面临的一个医学难题。许多人对这一难题做了长期深入的研究，进行了许多尝试，也取得了令人欣慰的效果。但是，我们至今与彻底解决这一难题仍有很大距离。无数生命科学家、医学家们仍在继续努力，以求攻克这一难关，像以往战胜种种疾病那样，再次为人类的健康带来福音。

恶魔的产品——生化病毒

生化病毒称为"Tyrant"（暴君），是一种新型的RNA病毒，是以早期发现的始祖病毒为基础产生的变异体，强化了重新组合生物遗传因子的特性，以开发生物兵器为目的而诞生的恶魔产品。但是一部分的人类无法适应它的突变性而成为恐怖的丧尸，而且它所造成的二次感染竟产生了各种生物的变异。

T病毒的初期感染症状，就跟一般的小病症没什么差别，只不过是咳嗽、打喷嚏，或是像起疹子般的发痒，由于这就像是人体在过敏或接受刺激时所产生类似发炎的反应，所以平常根本没有人会去注意这种事，顶多以为自己感冒了，就去药房买雨伞公司的感冒药来吃。可是就算是雨伞公司自己开发出来的感冒药，也无法杀死这种猛烈的T病毒，在患者去买感冒药的同时，病毒早就在宿主尚未发觉的情形下，开始侵害感染者的细胞组织了。

医学领域里的生物化学

YIXUE LINGYU LI DE SHENGWU HUAXUE

至于第二期的症状，就跟T病毒本身的功能有关了。前面已经提到过，T病毒最明显的功能，就是"加速生物体内的新陈代谢"，换句话说，只要一个生物被T病毒所感染，它本身的新陈代谢速度就会迅速增快，而人类当然也在这个

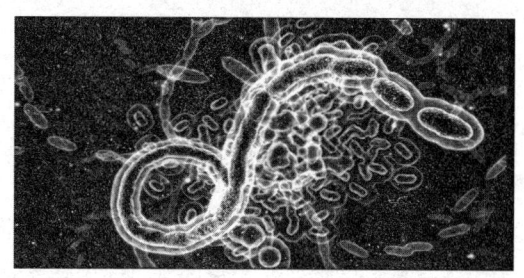

生化病毒

生物范畴之内。一旦人体的新陈代谢以不正常的方式迅速增进，那么在外表上最明显的变化就是他们的皮肤。如果您有注意到的话，会发现"阿克雷研究所事件"里面出现的那些僵尸们，全身的皮肤早已变成白色，不过这个白色并不代表他们的皮肤好，那是在快速新陈代谢之下，已死亡的表皮细胞逐渐堆积所造成的。这样也就算了，可是偏偏T病毒又在不断地繁殖，也就是说新陈代谢越来越快，所以当皮肤细胞无法承受这么快的新陈代谢速度时，患者的皮肤就会开始发生软化、腐烂的情形，最后当然就是脱落下来，变成我们看到的那种恶心模样。关于这点，就可以拿来解释为什么僵尸常常东缺一块肉、西缺一块肉，以及有时候没嘴唇、没脸皮的现象。

第三期的症状就显得较为严重了。因为病毒已经开始侵蚀大脑部分的细胞，使患者的智能低下；不只是智能，连大脑里专司理性、感情的部分，也渐渐被腐蚀。此外，因为之前发生过度的新陈代谢，所以本体需要很多能量来弥补新陈代谢所消耗的大量能源，偏偏能量又只能从外界摄取，这些生物的食欲就大为亢进，只要看到、听到、闻到生物的存在，立刻会冲过来追杀被他所盯上的猎物，这就是所谓的"狂暴化"。有个资料叫做"饲养日志"，那个职员原本是很正常的，然而就在感染了T病毒之后，写的东西跟举动竟变得一天比一天奇怪，最后甚至还杀了自己的同事，然后将之吃掉。这些僵尸们吃到后来，为了摄取更多的养分，而本身的生存环境内又不足，只好向外面的广大世界扩张，这是生物学上的基本原则，这也就是后来在"阿克雷山区"会发生那么多的离奇杀人事件（其实，应该说吃人事件）的原因。

生化武器

　　生化武器也称细菌武器，是利用生物或化学制剂达到杀伤敌人的武器，它包括生物武器和化学武器。生物武器是生物战剂及其施放装置的总称，它的杀伤破坏作用靠的是生物战剂。生物武器的施放装置包括炮弹、航空炸弹、火箭弹、导弹弹头和航空布撒器、喷雾器等。化学武器的特点是杀伤途径多，毒剂可呈气、烟、雾、液态使用，通过呼吸道吸入、皮肤渗透、误食染毒食品等多种途径使人员中毒；持续时间长，毒剂污染地面和物品，毒害作用可持续几小时至几天，有的甚至达数周；其缺点是受气象、地形条件影响较大。

　　由于生物武器的危害极大，1972年联合国签订了禁止试制、生产和储存并销毁细菌（生物）和毒素武器的国际公约，但是少数发达国家从来就没有放弃生物战的准备，只不过是更加隐蔽罢了。

感冒病毒感冒了

　　当你安安静静地躺在床上感冒发烧流鼻涕的时候，是不是希望那些可恨的流感病毒们能够马上吃点药？好了，现在有项新的研究显示，那些可怜的小病毒们也会感染疾病。这类感染可能会使病毒迅速进化。

　　该项研究结果发表在《自然》杂志上。研究发现，具有900个基因的多食棘阿米巴巨型病毒被一种只有21个基因的小型病毒Sputnik所感染。多食棘阿米巴病毒的体积惊人，它比之前发现的最大病毒大3倍，甚至比一些细菌都大。

　　Acanthamoeba是噬菌体的一种。噬菌体是一类专门感染细菌的病毒。多食棘阿米巴病毒所感染的细菌是变形虫（阿米巴）。Acanthamoeba将自身嵌入变形虫之中并接管变形虫细胞的生殖系统，这样就可以利用变形虫细胞产生更多的病毒。Sputnik病毒是一类新型病毒的第一种，这类病毒被论文作者称作virophages（噬病毒体）。Sputnik病毒会把自身注入Acanthamoeba病毒的DNA中，利用Acanthamoeba的DNA生产Sputnik病毒——这正是Acanthamoe-

ba 在宿主变形虫细胞中所干的事。一旦被 Sputnik 感染，Acanthamoeba 自身的繁殖会受到影响，产生的新后代也会减少。从效果上看，就像是病毒得病了。

另一项相似的研究对 Sputnik 病毒做了基因分析。研究显示，Sputnik 的一些基因实际上源自另外一些病毒。这一发现意味着 virophages（噬病毒体）会通过他们寄生的病毒交换基因，类似于噬菌体通过他们寄生的细菌交换基因。在细菌中，噬菌体之间的基因交换对进化起着重要催化作用。

"病毒感染病毒"这项发现同时也助长了关于病毒是否是生物的争论。很多科学家认为，病毒不符合生物的定义，因为他们无法脱离宿主细胞自行繁殖。然而，发现 Sputnik 的实验室的病毒专家 Jean – Michel Claverie 认为，Sputnik 病毒的发现证明病毒必然是有生命的——因为病毒也能生病。

青霉素的发明与应用

青霉素是大家都很熟悉的一种药物，在药房都能买到各种青霉素的药膏、药片、针剂等。这是再平常不过的一种药物了。可是在 50 多年前青霉素还没有问世的时候，即使是普通的肺炎，也常常会夺去人们的生命。只要医生诊断是急性肺炎，几乎就等于宣判了死刑。直到青霉素用于临床以后，这个灾难才被解除。青霉素的作用还远不止于此，它作为消炎剂可治疗许多疾病，特别是那些革兰氏阳性菌所引起的疾病。然而，从自然界发现青霉素，直到用它服务于人类，经历了曲折的过程。

青霉素结构图

亚历山大·弗莱明

青霉素的发明者亚历山大·弗莱明于1881年出生在苏格兰的洛克菲尔德。弗莱明从伦敦圣马利亚医院医科学校毕业后，从事免疫学研究。后来在第一次世界大战中作为一名军医，研究伤口感染。他注意到许多防腐剂对人体细胞的伤害甚于对细菌的伤害，他认识到需要某种有害于细菌而无害于人体细胞的物质。

1928年，弗莱明还是英国圣玛丽学院的细菌学讲师，10多年来，他一直在苦苦追索着病菌引起疾病的秘密，探求着消灭这些可怕病菌的方法。他在自己的实验室里，天天不停地忙碌着。

从1928年秋开始，弗莱明的研究工作转向了葡萄球菌。这是一种圆形小点样的细菌，常常聚集成串，就像串串葡萄一样，因此被称为葡萄球菌。这种病菌是人类许多疾病的祸首。弗莱明将各种养料配制成培养基，置于培养皿中，然后将葡萄球菌接种在培养基上，调节至适宜的温度保温培养。每天早晨，他都耐心地打开一个个培养皿，沾上一点细菌菌落涂在玻璃片上，小心地染上颜色，在显微镜下观察并做好记录。日复一日，弗莱明在重复单调的工作中积累着数据和资料。

当他打开培养皿取细菌时，碰巧会有在空气中飘浮的另一种细菌或生活力很强的真菌会落到培养皿中的培养基上，这些讨厌的微生物在培养皿里快速地生长繁殖，妨碍了正常实验的进行。这种情形几乎在每一个细菌实验室里都曾经发生过，一般不是将它挑开就是连同整个培养基倒掉了事。但是，对新事物敏感的弗莱明，却没有轻易地放过这现象。1928年的秋天来到了。一天早晨，弗莱明像往常一样，从许多个培养皿中，逐个地取出培养皿挑取葡萄球菌进行观察。这时，弗莱明的目光停在了一只被污染的培养皿上，一种来自空气的绿色真菌落到培养皿里，并且生长繁殖起来了。弗莱明拿起这

医学领域里的生物化学

个培养皿对着亮光仔细地观察着,培养皿里的奇怪现象引起了他的注意:在绿色真菌的周围,所有原先生长着的葡萄球菌全都消失了,留下了一圈空白的区域。

弗莱明在记录上仔细地记下了这个怪现象:"是什么引起我的惊奇?就是在绿霉周围相当广大的区域里,葡萄球菌溶化了,从前长得那样茂盛,而现在只留下了一点枯痕!"

他反复地自问:"为什么绿色的真菌能致葡萄球菌于死地呢?"

弗莱明不愧是一个很有素养的微生物学家。早在6年前,他就在人的眼泪和唾液里发现过一种抗菌物质——溶菌酶。而现在看到的绿色真菌,具有比溶菌酶强得多的杀菌能力,这深深地吸引了他。他立刻着手培养这种真菌,并用真菌的培养液滴入长满葡萄球菌的培养皿中,几个小时后,葡萄球菌就"全军覆没"了。弗莱明还将培养液稀释,直到稀释800倍,还具有良好的杀菌作用。接着他发现,这种真菌是普通的面包菌——青霉菌,并将青霉菌产生的抗菌物质称为抗生素。

古代人们就知道一些发霉的东西能消炎解毒。我国在2000多年以前就开始用豆腐上的霉来治疗疖、痈和某些化脓性皮肤感染。自巴斯德发现微生物以来,人们进一步认识到一些细菌能抑制或消灭另一些细菌。弗莱明通过试管和动物试验,发现青霉素对引起许多严重疾病的葡萄球菌、链球菌、肺炎球菌确有效果。但由于缺乏化学知识,弗莱明无法将液体培养基中的青霉素提取出来,从而走到了山穷水尽的地步。他自己也清楚地认识到:只要纯品青霉素不能从青霉菌培养液中提取出来,它就无法在实际中应用。青霉素的发现永远只能停留在基础研究阶段。但他实在舍不得丢弃这株青霉菌,于是就耐心地把它在培养基上定期传代,这工作一干就是10多年。

直到1939年第二次世界大战爆发,欧亚大陆战火纷飞,英伦三岛也受到德国法西斯的军事威胁。磺胺类药物在治疗创伤感染和传染病方面渐渐显出了不足。牛津大学病理学院的弗洛里教授,这位同样也是在寻找抗菌物质的科学家,在查阅抗菌物质的文献时发现了弗莱明10年前发表的关于青霉素的良好抗菌作用。于是他联合了生物化学家钱恩等一批人,从弗莱明那里要来青霉菌株,开始向青霉素的提纯进军。他们的工作受到了美国洛克菲勒基金会的资助。

经过一年多的努力，他们终于得到了相当纯净的青霉素结晶。青霉素与D—丙氨酰—丙氨酸的分子结构相似，在代谢过程中能与肽酶竞争结合，破坏粘肽的交叉结构，使细菌无法形成细胞壁。弗洛里和钱恩进行了大量的试管试验和动物试验，再次肯定了青霉素对多种病原菌具有强大的杀伤效力。多次反复的试验，也使他们在青霉素的特性、用法和制备方面积累了宝贵的经验。

1942年，青霉素试用于在非洲作战的英军伤病员，取得了满意的效果。

在英国研究青霉素的结构和提纯的同时，美国也开始了大规模的研究，并很快地投入了生产。

1944年，英美联军在法国诺曼底登陆，大量官兵受伤，这时青霉素大显神通，几乎药到病除，令人刮目相看。一位陆军少将称赞青霉素是治疗战伤的"里程碑"。而实际上，青霉素的功绩远远不止于在治疗战伤上。青霉素的应用，改革了传染病的治疗方法，引出了一门新的科学——抗生素学，推动了以后几十种抗生素的发现和应用，有效地提高了人类的寿命，也是人类在生存斗争中的一大胜利。

遗传病与基因

人类有一种病叫镰型细胞贫血症，患者的血液中红细胞不是正常的圆饼形，而变成了奇特的镰刀型或新月形。科学家发现变化的原因是由于控制红细胞中血红蛋白的基因发生了突变，即DNA分子上改变了一个核苷酸，CTT变成了CAT，这样血红蛋白分子中由CTT决定的谷氨酸的位置被CAT决定的缬氨酸所取代。镰刀型或新月形的红细胞纠缠在一起，造成小血管阻塞。小血管阻塞造成全身肌肉、关节、骨骼和某些内脏器官等许多部位疼痛，甚至剧痛。中国古代医书上说："不通则痛，通则不痛"。同时还会造成组织缺氧缺血以至坏死；此外，又因镰刀型红细胞很容易被脾脏破坏而产生贫血。不仅如此，这些症状还会造成恶性循环：越是缺血缺氧，红细胞"镰变"越严重，血管阻塞和随之出现的组织损害就愈加剧。这种由于基因遗传中的突变产生的病症，称为遗传病。

医学领域里的生物化学

遗传病分为单基因遗传和多基因遗传病。

单基因遗传病（一种病由1对基因决定）有3360多种，如家族性多发性结、成骨不全症、牛皮癣、高胆固醇血症、多囊肾、神经纤维瘤、视网膜母细胞瘤、腓肌萎缩症、软骨

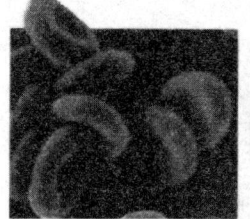
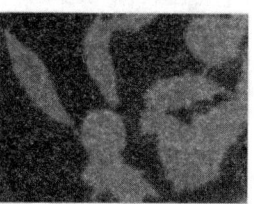

正常型红细胞（左）与镰刀型细胞贫血症红细胞（右）的形状比较

正常红细胞与镰刀型细胞贫血症红细胞比较

发育不全、上睑下垂、全身白化、着色性干皮病、鱼鳞症、眼球震颤、视网膜色素变性、抗维生素D佝偻病等。

常染色体显性遗传病多指、并指、结肠息肉。

常染色体隐性遗传病，如苯丙酮尿症、先天聋哑、高度近视等。

半X染色体隐性遗传病（血友病）人群中受累人数占10%左右。

多基因遗传病（每种病由多对基因和环境因素共同作用），病种虽不多，但发病率高，多为常见病和多发病，如原发性高血压、支气管哮喘、冠心病、糖尿病、类风湿性关节炎、精神分裂症、癫痫、先天性心脏病、消化性溃疡、下肢静脉曲张、青光眼、肾结石、脊柱裂、无脑儿、唇裂、腭裂、畸形足等。其特点是：①家族聚集；②受环境影响较大。人群中受累人数占20%左右。

染色体病（染色体异常所致的遗传病）近500种，如先天愚型（伸舌样痴呆）、原发性小睾症、先天性卵巢发育不全症、两性畸形等。人群中受累人数占1%左右。一个最为

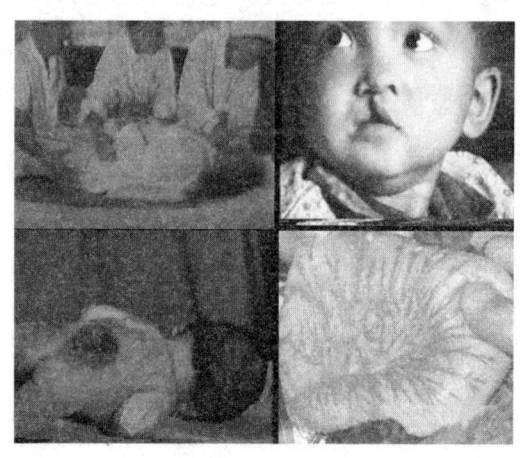

多基因遗传病

有效预防的方法就是提倡和实行优生。

1. 禁止近亲结婚，可以大大降低隐性遗传病的发生概率。

2. 进行产前诊断。
3. 有遗传病史的夫妻还要进行遗传咨询,主要要调查家族史。
4. 在适合的生育年龄生育(24~29周岁)。

血友病

　　血友病是一组由于血液中某些凝血因子的缺乏而导致患者产生严重凝血障碍的遗传性出血性疾病,男女均可发病,但绝大部分患者为男性。包括血友病A(甲)、血友病B(乙)和因子XI缺乏症(曾称血友病丙)。前两者为性连锁隐性遗传,后者为常染色体不完全隐性遗传。血友病在先天性出血性疾病中最为常见,出血是该病的主要临床表现。患者可因反复关节腔出血致使血液不能完全吸收,形成慢性炎症,滑膜增厚、纤维化、软骨变性及坏死,最终关节僵硬、畸形变、周围肌肉萎缩,导致正常活动受限。

　　从外表看,血友病人和常人没有区别,只要注意在出血时(尤其是关节内出血)及时补充凝血因子就可以了。这类病人可以像常人一样生活、工作、参加各种社会活动,不影响人的自然寿命。

破译幽门螺旋菌基因组之谜

　　科学家们利用计算机辅助生物学技术,做了一次精彩的表演,他们破译了一种名叫幽门螺旋菌的全部基因结构。这种细菌容易导致胃溃疡或其他胃病。有趣的是,科学家们还意外发现它有许多狡猾的自我保护策略。

　　幽门螺旋菌这种细菌是致使人类生病的罪魁祸首之一,而如今科学家们利用计算机这种新手段大大推动了对它的破译进程。世界上通常有一半人身上都生长着这种微生物,只是它们并不导致人们生病。据研究发现,美国有近30%的成年人和逾半数的超过65岁的老人体内存在幽门螺旋菌;在低收入的社会群体中则更为普遍。

　　弗朗西斯·图伯和由丁·克莱格·文特尔领导的位于马里兰州罗克维尔

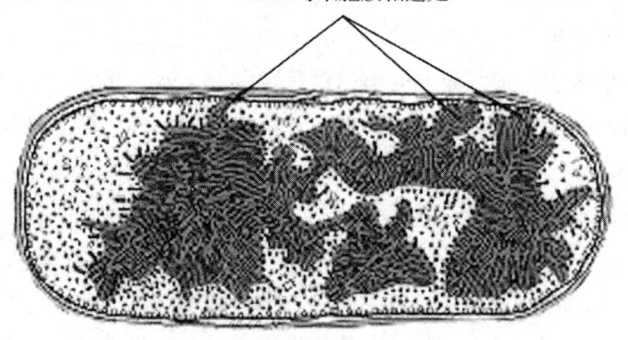

大肠杆菌模式图，类核区示以褐色

细菌的基因结构

市的基因组研究所都为解开幽门螺旋菌基因组之谜作出了重大贡献。已破译的遗传基因组编码为研究者们提供了宝贵的参考资料。科学家们现在完全知道该细菌的组织器官都能做些什么和怎么做了，简直就像通晓敌人作战部署的大将军一样。这将大大有助于了解幽门螺旋菌的各种变异形式，了解由此导致的疾病，并研制出相应的治疗药品及疫苗。范德比尔特大学传染系主任马丁·布拉瑟博士对此评价说："我认为这项成果意义非凡，它将在许多领域促进研究的进步。"

早在1983年以前，就有人提出幽门螺旋菌是胃溃疡病的诱因，时至今日，人们已认识到，它的确是导致90%此类疾病的诱因。可是1983年以后的10年间，常规的治疗思想始终认为，由紧张引发的胃酸过多是形成胃溃疡的病因，于是人们自然地采取了中和胃酸的方式来治疗此病，并生产出了相应的药物。

传统的观念是被名叫巴利·马歇尔和罗伯特·华伦的两位澳大利亚医生推翻的。他们采取了基于一种抗生素的治疗方法。然而美中不足的是，抗生素售价很高，特别是在胃溃疡频繁发生的发展中国家，人们不得不以更多样、更有效的治疗方法去满足不断增长的需要。

破译细菌的基因组编码尚是一种新的技术成果，还不能马上成为常规的技术方法。幽门螺旋菌基因组是第15个将被公布的细菌基因组，此外还有10余个与此类似的病原菌处于不同的破译状态和进程中。生物学家们期望，当已破译基因组中的关键物质可以利用之后，关于细菌自我防护和进化的细节就会更多地显露出来。

研究成果表明，他们研究的幽门螺旋菌共有1667867个DNA单位，这些显现指定遗传密码的化学物质外部排列着单环状染色体；沿着螺旋形DNA排列的就是1590个遗传基因的编码序列。由图伯博士带领的研究小组通过搜索电脑数据库已经发现了许多这样的遗传基因的功能。这种电脑数据库记录了其他有机体中已知功能基因的DNA排序。通过比较幽门螺旋菌遗传基因与记录在案的其他已知遗传基因，图伯博士猜测到了前者的许多功能，也了解到了前者操纵整个细菌予以实施的自我防护策略。

这种基于电脑的研究方式，包括了从遗传基因到组织机能方面的内容，与微生物学家传统的研究策略截然相反，它已经深入到研究微生物的特性及其遗传基因。由于运用了已知一切手段，这种计算机辅助方式大大促进了研究进程。

幽门螺旋菌是一种非常奇特的微生物，在胃这样的酸性恶劣环境中也能迅速繁殖。为避免被液体冲走，它需要钻入胃壁并粘在细胞上。此外，它还必须防御来自免疫系统的不断攻击。图伯博士的研究小组已经发现了发挥这些功能的基因。有一组基因负责制造在细菌细胞壁内的蛋白质并排斥出酸物质；另外一组基因吸入铁元素，铁元素在胃中极度缺乏但又是该细菌的重要组成部分。有些基因形成有力的尾巴推进自己，一个很大的基因群分泌类似胶质一样的蛋白质以便使细菌粘在胃的细胞壁上，此外一些基因还负责模拟特定的人类蛋白质。幽门螺旋菌拥有一套机灵的基因机制，叫做滑索错机制，其功能是使细菌持续变换它的防护衣的组织结构，以便始终领先于人类免疫系统对它的攻击。

幽门螺旋菌在不同人身上有不同的作为。道格拉斯·E.伯格博士是在圣路易斯华盛顿大学研究幽门螺旋菌分子遗传的研究人员，他认为大多数人有这种细菌几年至数十年，大约有20%的人继续发展成胃病诸如溃疡等胃病。

"幽门螺旋菌有大量的变种，也许这能说明为什么有些人被染上而有些人没有，"伯格博士说，"已有一个完整的基因组排序证明了这一不同。"

幽门螺旋菌也许已经入侵人类数百万年之久，就是说从人类祖先开始。范德比尔特博士表示，现代生活习惯已干扰了人类长时间以来对该细菌的适

医学领域里的生物化学

应方式,因而导致胃病、溃疡甚至有可能导致胃癌。范德比尔特博士补充说:"我想我们对幽门螺旋菌本身以及它们与人类的关系的理解仅仅是个开始。"

他还强调说:"幽门螺旋菌实际上处在病原体抑或是肠胃友好寄居者之间,是一个处于交界处并非常有趣的有机体,可以设想,"他说,"由于现代卫生学的发展,人们可能比以往更晚地遭到细菌入侵,但结果却会因缺乏抵抗力而更易形成疾病,也许基因组研究能帮助我们有效地检查它的存在或帮助我们提出更多的防范设想。"

非同一般药物的生物制品

生物制品是用基因工程、细胞工程、发酵工程等生物学技术制成的免疫制剂或有生物活性的制剂,可用于疾病的预防、诊断和治疗。

生物制品不同于一般医用药品,它是通过刺激机体免疫系统产生免疫物质(如抗体)才发挥其功效,在人体内出现体液免疫、细胞免疫或细胞介导免疫。通过基因工程技术改造的大肠杆菌可产生某种病毒的抗原,酵母菌可经过基因重组而产生乙型肝炎表面抗原,重组痘苗病毒也可产生乙型肝炎表面抗原。细胞工程杂交瘤技术问世,杂交瘤细胞可以分泌抗体,所以抗体不一定要免疫动物的血清等。这样就打破了生物制品的传统概念,而是菌苗不一定要用细菌,疫苗不一定要用病毒,血清的产品不一定要用血液。

中国生物制品事业基本可满足控制传染病流行的需要,但仍落后于某些发达国家。生物制品分人用生物制品和兽用生物制品,下面介绍人用生物制品。

在 10 世纪时,中国发明了种痘术,用人痘接种法预防天花,这是人工自动免疫预防传染病的创始。种痘不仅减轻了病情,还减少了死亡。17 世纪时,俄国人来中国学习种痘,随后传到土耳其、英国、日本、朝鲜、东南亚各国,后又传入美洲、非洲。1796 年英国人 E. 詹纳发明接种牛痘苗方法预防天花,他用弱毒病毒(牛痘)给人接种,预防强毒病毒(天花)感染,使人不得天花。

此法安全有效,很快推广到世界各地。牛痘苗可算作第一种安全有效的生物制品。微生物学和化学的发展促进了生物制品的研究与制作。19世纪中期，"免疫"概念已基本形成。1885年法国人 L. 巴斯德发明狂犬病疫苗，用人工方法减弱病毒的致病毒力，做成疫苗，被狂犬咬伤的人及时注射疫苗后，可避免发生狂犬病。巴斯德用同样的方法制成鸡霍乱活疫苗、炭疽活疫苗，将过去以毒攻毒的办法改为以弱制强。D. E. 沙门、H. O. 史密斯等人研究加热灭活疫苗，先后研制成功伤寒、霍乱等灭活疫苗。19世纪末日本人北里柴三郎和德国人贝林，E.（A.）用化学法处理白喉和破伤风毒素，使其在处理后失去了致病力，接种动物后的血清中和相应的毒素，这种血清称为抗毒素，这种脱毒的毒素称为类毒素。R. 科赫制成结核菌素，用来检查人体是否有结核菌感染。抗原—抗体反应概念的出现，有助于临床诊断。这些为微生物和免疫学发展奠定了基础，继续发展出各种生物制品，在预防疾病方面越发显得重要，是控制和消灭传染病不可缺少的手段之一。

中国的生物制品事业始于20世纪初。1919年成立了中央防疫处，这是中国第一所生物制品研究所，规模很小，只有牛痘苗和狂犬病疫苗，几种死菌疫苗、类毒素和血清都是粗制品。中华人民共和国成立后，先后在北京、上海、武汉、成都、长春和兰州成立了生物制品研究所，建立了中央（现为中国）生物制品检定所，它执行国家对生物制品质量控制、监督，发放菌毒种和标准品。后来，在昆明设立中国医学科学院医学生物学研究所，生产研究脊髓灰质炎疫苗。生物制品现已有庞大的生产研究队伍，成为免疫学应用研究和计划免疫科学技术指导中心。汤飞凡1957年发现沙眼病原体，他对中国生物制品事业有很大贡献。

在控制和消灭传染病方面，接种预防生物制品效果显著，在公共卫生措施方面收益最佳，这不仅是一个国家或地区，而且是世界性的措施。世界卫生组织（WHO）1966年发表宣言，提出10年内全球消灭天花，1980年正式宣布天花在地球上被消灭。1978年WHO又作出扩大免疫规划（EPI），目的是对全球儿童实施免疫。EPI是用4种疫苗预防6种疾病，即卡介苗预防结核病；麻疹活疫苗预防麻疹；脊髓灰质炎疫苗预防脊髓灰质炎；百白破三联预防百日咳、白喉和破伤风，有计划地从儿童开始，使世界儿童都得到免疫。1981年，中国响应WHO的号召，实行计划免疫，按要求用国产4种疫苗预防6种疾病。1988年以省为单位达到了85%的疫苗接种覆盖率。1990年以县

医学领域里的生物化学

为单位,儿童达到85%的接种覆盖率。诊断制剂品种的增多和方法的改进,促进了试验诊断水平的提高;现已应用到血清流行病学以及疾病的监测。中国生产血液制剂已有30多年的历史,品种在逐年增加。

随着微生物学、免疫学和分子生物及其他学科的发展,生物制品已改变了传统概念。对微生物结构、生长繁殖、传染基因等,也从分子水平去分析,现已能识别蛋白质中的抗原决定簇,并可分离提取,进而可人工合成多肽疫苗。对微生物的遗传基因已有了进一步认识,可以用人工方法进行基因重组,将所需抗原基因重组到无害而易于培养的微生物中,改造其遗传特征,在培养过程中产生所需的抗原,这就是所谓基因工程,由此可研制一些新的疫苗。20世纪70年代后期,杂交瘤技术兴起,用传代的瘤细胞与可以产生抗体的脾细胞杂交,可以得到一种既可传代又可分泌抗体的杂交瘤细胞,所产生的抗体称为单克隆抗体,这一技术属于细胞工程。这些单克隆抗体可广泛应用于诊断试剂,有的也可用于治疗。科学的突飞猛进,使生物制品不再单纯限于预防、治疗和诊断传染病,而扩展到非传染病领域,如心血管疾病、肿瘤等,甚至突破了免疫制品的范畴。中国生物制品界首先提出生物制品学的概念,而有的国家则称之为疫苗学。

▉▉▉ "人体器官再造" 技术

不少企业都看好"人体器官再造"的市场前景。有人估计,这个行业发展预期的产值将达到数万亿美元。目前,研究和从事"人体器官再造"的机构,基本上都不依赖政府的资助,独立地通过实验室来培育可再生的骨骼、软骨、血管和皮肤以及胚胎期的胎儿神经组织,并进而通过实验规划研制人体的肝脏、胰脏、乳房、心脏、耳朵和手指等。美国马萨诸塞州的器官培育公司,采用婴儿的一些包皮组织,培育出面积很大的活皮肤,经过处理,截成合适的形态后可以移植给任何人,包括用于治疗老年人常见的腿部溃疡,这种活皮肤移植,不用担心出现排异反应或留下疤痕。这家公司下一步将培育用于修补尿道、修复膝盖的软骨组织以及研制更换胫骨的方法。

就目前的市场价值而言,"人体器官再造"已经成为一个大型产业。一个价值800亿美元的"人体再生组织市场"已经形成。据资料显示，美国每年用于治疗器官衰竭和组织缺损者的费用超过4000万美元，但是仍有数以十万计的人因无器官可移植而死去。

从20世纪90年代初以来，各种类型的人体器官和组织培育公司的开发目标都是"用生物工艺学再造人体"，即去除不再需要保留的衰竭器官和老化细胞、有缺损的组织，以健康的组织和细胞予以替换。

据研究者介绍，"人体器官再造"的技术在不断地走向成熟。将来，就连最复杂的器官也将成为医疗商品。再造人体器官与组织所创造的初步成果，已被美国医学界公认为"临床医学发生的突破性进展"，它所展示的广阔前景是"医学上的一场深刻变革"。从人类学和社会学的意义预测，它有可能成为人类自身永葆青春的一条有效途径。

"人体器官再造"技术，有可能延伸"健康"的定义。传统意义上的"健康"，就是指人体的"生理机能正常，没有缺陷和疾病"。当"人体器官再造"以及"基因工程"广泛普及之后，"健康"的定义可能无限延伸。

或许有一天，"健康"包括了人的某些理想。现在，有的人为身材太矮发愁，有的人为身体肥胖担忧，有的人希望长寿，还有的人害怕疾病折磨等。而"人体器官再造"有可能依据个人的理想来"定制"你的人体组织与器官，使"希望"身体健康，自然发展成"一定能"身体健康。

或许有一天，"健康"也包括人的外貌。我们的子孙后代，可以通过胚胎的基因分析，预见孩子的长相，然后根据父母对其外貌的"期望"进行加工，使之"完善"。

或许有一天，"健康"还包括心理因素和精神因素。在高度竞争的社会环境下，不少人的人格特征发生了严重扭曲，或者喜怒无常，或者自私冷酷，或者目光短浅等。这些都不利于人类的健康发展。"人体器官再造"可以通过对人类基因的调整或者改造，使"下一代"的心理更健康，精神保持正常状态。

或许有一天，"健康"是可以"先天"调节的。在今天，大部分的人对于自己的身体"知之不多"，不知道自己有没有得病，不知道是什么时候得的病，更不知道自己什么时候死。"人体器官再造"技术的高度发展，使人类对自己本身的"生老病死"有比较清楚的了解，并且可以主动进行调节。

医学领域里的生物化学
YIXUE LINGYU LI DE SHENGWU HUAXUE

"人体器官再造"技术是一门尖端科学。20世纪60年代初，前苏联科学家在世界上首次成功地进行了狗的"全头移植"手术，引起了全球的轰动。2年后，美国科学家将换头技术推进了一大步，成功地进行了"动物异种换头"，把一只小狗的脑袋搬到了一只猴子的脖子上。这绝对是一个伟大的成就，因为当时几乎全球所有的医学家都认为，由于机体强烈的排异反应，"异种移头"是不可能的。

当"人体器官再造"的技术发展到一定程度的时候，制造"人工生物"就会非常简单，只要将若干元素加在一起，测试、操纵、复制，人工制作的"新型生物"就可以出现在眼前。

美国20世纪90年代出台的"人类基因组解读计划"，被认为是生命科学的第一个超级大计划，在规模上，足以和太空探险、制造原子弹和登陆月球等"工程"相媲美。基因革命的意义是，它彻底摇撼了生命的根基，使人类生活在一个植物、动物都可以复制的世界；而"人类基因组解读计划"如能成功，则预示着人类可以面对一个"人工繁殖"的世界。人们可以根据希望和需要，随意生出"理想的孩子"。未来的成人们，有可能成为一种"试管市民"，这将赋予"人体器官再造"以全新的意义。

生物导弹——单克隆抗体

1975年，瑞士科学家乔治·克勒和英国科学家凯撒·米尔斯坦，把产生抗体的B淋巴细胞与多发性骨髓瘤细胞进行融合，形成杂交瘤细胞。这种细胞兼有两个亲代细胞的特征，既有骨髓瘤细胞无限生长的能力，又有B淋巴细胞产生抗体的功能。因此，这种杂交瘤细胞就能在细胞培养中产生大量单一类型的高纯度抗体，这种抗体叫"单克隆抗体"。

把单克隆抗体与抗癌药物或毒素结合起来，就成为威力强大的抗体"导弹"。把这种抗体"导弹"注射到癌症患者的血液中，它就会发挥导弹的作用，在患者体内追踪并附着于癌细胞上，然后与抗体结合的抗癌药物或毒素杀伤和破坏癌细胞，而且很少损伤正常组织细胞。这种抗体"导弹"具有高度选择性，对癌细胞有命中率高、杀伤力强的优点，没有一般化学药物那样

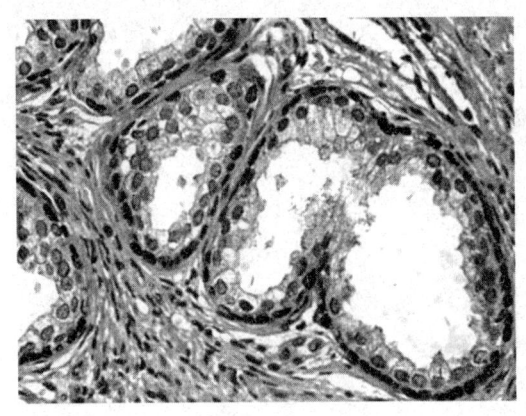

鼠单克隆抗体

不分好坏细胞格杀勿论的缺点。美国约翰·霍普金斯医院应用抗体"导弹"治疗晚期肝癌病人，收到惊人效果。肝脏肿癌显著缩小，生存期延长，而且没有副作用。单克隆抗体技术的发明，是免疫学中的一次革命，打破了过去只能在身体内产生抗体的方法，而成功地在体外用细胞培养的方法产生抗体，同时繁殖快，可以产生在体内达不到的高专一性的水平。

抗原上那部分可以引起机体产生抗体的分子结构，叫做抗原决定簇。一个抗原上可以有好几个不同的抗原决定簇，因而使机体产生好几种不同的抗体，最终产生出抗体是浆细胞。只针对一个抗原决定簇起作用的浆细胞群就是一个纯系，纯系的英文为 Clone，音译就是克隆。由一种克隆产生的特异性抗体叫做单克隆抗体。单克隆抗体能目标明确地与单一的特异抗原决定簇结合，就像导弹精确地命中目标一样。另一方面，即使是同一个抗原决定簇，在机体内也可以由好几种克隆来产生抗体，形成好几种单克隆抗体混杂物，称为多克隆抗体。

抗原刺激机体，产生免疫学反应，由机体的浆细胞合成并分泌的与抗原有特异性结合能力的一组球蛋白，这就是免疫球蛋白。这种与抗原有特异性结合能力的免疫球蛋白就是抗体。

抗原通常是由多个抗原决定簇组成的，由一种抗原决定簇刺激机体，由一个 B 淋巴细胞接受该抗原所产生的抗体称之为单克隆抗体（Monclone antibody）。由多种抗原决定簇刺激机体，相应地就产生各种各样的单克隆抗体，这些单克隆抗体混杂在一起就是多克隆抗体，机体内所产生的抗体就是多克隆抗体；除了抗原决定簇的多样性以外，同样一类抗原决定簇，也可刺激机体产生 IgG、IgM、IgA、IgE 和 IgD 等五类抗体。

伟大的人类基因组计划

现代遗传学家认为，基因是DNA（脱氧核糖核酸）分子上具有遗传效应的特定核苷酸序列的总称，是具有遗传效应的DNA分子片段。基因位于染色体上，并在染色体上呈线性排列。基因不仅可以通过复制把遗传信息传递给下一代，还可以使遗传信息得到表达。不同人种之间头发、肤色、眼睛、鼻子等不同，是基因差异所致。人类只有一个基因组，大约有5万~10万个基因。

人类基因组蕴涵有人类生、老、病、死的绝大多数遗传信息，破译它将为疾病的诊断、新药物的研制和新疗法的探索带来一场革命。

对人类基因组的研究不仅仅地是一项科学研究，它很可能暗含着将是21世纪最大的商机。基因是生物制药产业的源头、生长点和制高点，源于基因的技术拓展将是21世纪制药企业开发新品的基石。尽管基因产业所需的投资数目非常大，探索工作也非常艰辛（比如分离囊性纤维病变基因花了十年时间，耗资1.5亿美元以上），但一旦拿到一个能够编码重要功能蛋白的基因后，其回报将是无比丰厚的——发现者可以获取该基因的专利，科研人员可以之进行相关研究并设计相关的防治药物，医药公司可在专利期满之前获取市场巨额利润。

1985年6月，在美国加州举行了一次会议，美国能源部提出了"人类基因组计划（human genome project，简称HGP）"的初步草案。这一计划旨在阐明人类基因组30亿个碱基对的序列，发现所有人类基因并搞清其在染色体上的位置，破译人类全部遗传信息，使人类第一次在分子水平上全面地认识自我，从而最终弄清每种基因制造的蛋白质及其作用。打个比方，这一过程就好像以步行的方式画出从北京到上海的路线图，并标明沿途的每一座山峰与山谷。虽然很慢，但非常精确。

1986年6月，在新墨西哥州讨论了这一计划的可行性。随后美国能源部宣布实施这一草案。1987年初，美国能源部与国家医学研究院（NIH）为"人类基因组计划"下拨了启动经费约550万美元，1987年总额近1.66亿美元。同时，美国开始筹建人类基因组计划实验室。1989年美国成立"国家人类基因组研究中心"。诺贝尔奖金获得者、DNA分子双螺旋模型提出者沃森出任第一任主任。1990年，历经5年讨论之后，美国国会批准美国的"人类基因组计划"于10月1日正式启动。美国的人类基因组计划总体规划是：拟在15年内至少投入30亿美元，进行对人类全基因组的分析。此计划在1993年作了修订，其主要内容包括：人类基因组的基因图构建与序列分析；人类基因的鉴定；基因组研究技术的建立；人类基因组研究的模式生物；信息系统的建立。此外，还有人类基因组研究的社会、法律与伦理问题，交叉学科的技术训练，技术的转让，研究计划的外延等共9方面的内容。

1988年4月，在麦库西克等有远见的西方科学家倡导下，HUGO（国际人类基因组组织）宣告成立。HUGO代表了全世界从事人类基因组研究的科学家，以协调全球范围内的人类基因组研究为宗旨，被誉为"人类基因组的联合国"。

联合国教科文组织（UNESCO）也于1988年10月在西班牙召集会议，成立了"UNESCO人类基因组委员会"。1990年又在莫斯科召集了以发展中国家为主体的人类基因组会议，我国著名医学遗传学家吴旻院士出席了此次会议。

英国的"人类基因组计划"是于1989年2月开始的，特点可归纳为"全国协调、资源集中"。"英国人类基因组资源中心"一直向全国的有关实验室免费提供技术及实验材料服务。自1993年开始，伦敦的桑格中心成为全世界最大的测序中心，单独完成三分之一的测序任务。

法国的国家人类基因组计划于1990年6月宣布开始，其计划由科学研究部委托国家医学科学院制定。诺贝尔奖金获得者道赛特以自己的奖金于1983年底建立了CEPH（人类多态性研究中心），在法国民众的支持下（民间捐助至少为5000万美元），CEPH与相关机构为全世界的人类基因组研究特别是第一代物理图与遗传图的构建做出了不可磨灭的贡献。法国国家基因测序中心对人类基因组序列图的贡献为3%左右。

日本的国家级人类基因组计划是在美国的推动下，于1990年开始的。日本对DNA序列图的贡献为7%。

德国在1995年才开始的"人类基因组计划"，具有新的意义与特色。德国对人类基因组序列图的贡献为7%。

医学领域里的生物化学

"人类基因组计划"需要中国,中国是人类基因资源的"首富"。中国的人多,病也多,再加上中国人几代同堂,没有天灾人祸不动窝,少数族群生活在偏远的大山里,形成的家系最多最纯。一些基因资源掠夺者便把目光聚焦在中国。中国人类基因组的研究已经进入世界前列,然而并未得到国际社会的认可。"人类基因组计划"最核心内容就是 DNA 序列图的构建,中国参不参与序列图绘制的国际合作,已经讨论了 10 年。如果认同人类 DNA 序列图是"重中之重",关系到 21 世纪我国生命科学与生物产业的基础建设,那么,不参与序列图绘制,将使中国眼巴巴地永远失去参与的机会。

1994 年,我国的"人类基因组计划"在吴旻、强伯勤、陈竺、杨焕明的倡导下启动,最初在国家自然科学基金会和 863 高科技计划的支持下,先后启动了"中华民族基因组中若干位点基因结构的研究"和"重大疾病相关基因的定位、克隆、结构和功能研究",在国家科技部的领导和牵线下,1998 年在上海成立了南方基因中心,1999 年在北京成立了北方人类基因组中心。1999 年 7 月在国际人类基因组注册,1999 年 9 月 1 日,在伦敦举行的第五次人类基因组测序战略会议上,北京中心与已为人类基因组作出卓越贡献的 15 个中心一起讨论战略。占世界人口 20% 的中国,得到完成人类 3 号染色体短臂上一个约 30Mb 区域的测序任务,该区域约占人类整个基因组的 1%。

此外,加拿大、丹麦、以色列、瑞典、芬兰、挪威、澳大利亚、新加坡、原苏联及原东德等也都开始了不同规模、各有特色的人类基因组研究。

人类只有一个基因组。人类基因组的研究成果应该成为人类共同享有的财富。人类基因组计划的最重要特点便是"全球化"。因此,1995 年,联合国教科文组织成立了"国际生物伦理学会",还发表了"关于人类基因组与人类权利的宣言",并于 1998 年 11 月为联合国大会通过而成为"世界宣言"。

2006 年 5 月 18 日,英美科学家在世界上最权威的科学杂志英国《自然》网络版上发表了人类最后一个染色体——1 号染色体的基因测序。在人体全部 22 对常染色体中,1 号染色体包含基因数量最多,达 3141 个,是平均水平的两倍,共有超过 2.23 亿个碱基对,破译难度也最大。一个由 150 名英国和美国科学家组成的团队历时 10 年,才完成了 1 号染色体的测序工作。

科学家曾不止一次宣布人类基因组计划完工,但推出的均不是全本,这一次杀青的"生命之书"更为精确,覆盖了人类基因组的 99.99%。解读人体基因密码的"生命之书"宣告完成，历时16年的人类基因组计划书写完了最后一个章节。

对科学家来说，"人类基因组计划"给他们带来的是对人类自身认识的一次重大飞跃，是人类战胜疾病的希望。

到2020年，医生们将可以用基因工程药物治疗几乎所有的疾病。根据对遗传因素在糖尿病、高血压、心脏病和精神分裂症等疾病中所起作用的认识，人们将开发出更先进的药物，从根本上治疗这些疾病。

癌症治疗将产生根本性变革。由于肿瘤通常是DNA受损后，健康细胞产生缺陷并无限制分裂导致的，因此，科学家通过解读其遗传机理，将可选择最佳治疗方法。普通医疗也将大为改观。届时，医生们根据储存的患者遗传数据即可开出处方，而不必像现在这样先进行检查后，才能确定治疗方案。对一些特定药物，还可事先确定是否会对患者产生不良副作用。

到2030年，以遗传学为基础的健康护理将得到普及。每个潜在患者都可根据自己的遗传检测数据，制定相应的预防性医疗计划，以防因自身遗传缺陷可能导致的疾病。利用基因方面的广泛知识，人们还将进一步加深对引起疾病的环境因素的了解，从而为改善公众健康状况开辟广阔的前景。

生物化学在各行业的应用
SHENGWU HUAXUE ZAI GE HANGYE DE YINGYONG

  生化工程、生化技术和生化制品已经广泛应用于各个行业各个领域，日益发挥着越来越重要的作用。

  农林牧副渔各业都涉及大量的生化问题，如防治植物病虫害使用的各种化学和生物杀虫剂以及病原体的鉴定；筛选和培育农作物良种所进行的生化分析；家鱼人工繁殖时使用的多肽激素；喂养家畜的发酵饲料等。

  生物化学在发酵、食品、纺织、制药、皮革等行业都显示了威力。例如皮革的鞣制、脱毛，蚕丝的脱胶，棉布的浆纱都用酶法代替了老工艺。

  基因工程和细胞融合技术用于改进工业微生物菌株不仅能提高产量，还有可能创造新的抗生素杂交品种。

  在国防方面，防生物战、防化学战和防原子战中提出的课题很多与生物化学有关，如射线对于机体的损伤及其防护，神经性毒气对胆碱酯酶的抑制及解毒等。

胚胎工程的应用

  胚胎工程主要是对哺乳动物的胚胎进行某种人为的工程技术操作，然后让它继续发育，获得人们所需要的成体动物的新技术，实际上是动物细胞工程的拓展与延伸。早在1891年，英国剑桥大学的赫普就在兔子身上首次成功地进行了受精卵的移植实验。到20世纪30年代，这项技术已在畜牧业上获得了越来越明显的效益。进入20世纪70年代，出现了专门从事受精卵移植的企业。高等动物的受精卵移植又叫"家畜胚胎移植"。它是将优良种畜的早期胚胎从供体母畜体中取出来，移到受体母畜输卵管或子宫中，"借腹怀胎"繁殖优良牲畜的技术。胚胎工程在此基础上发展起来。发育工程采用的新技术包括：

1. 胚胎冷冻技术。为便于长途运输和随时供移植使用，将那些6～7日龄已有20～30个细胞的新鲜活胚胎（或分割后的半胚胎、1/4胎）在 -196 ℃的超低温下冷冻贮存。这是在冷冻精子的技术基础上进一步发展起来的一项新技术。目前用冷冻胚胎移植的成功率为鲜胚胎的70%～80%。

2. 胚胎分割技术。为成倍甚至成数倍地提高优良胚胎移植后所得到的成体数，用显微外科的手术方法将一个胚胎分割为2个或多个，制造同卵多仔。国内外科学家们已在鼠、兔、牛、羊、猪的胚胎分割上取得了成功。

3. 胚胎融合技术。就是将两个除去表层的透明带的不同品种或不同种的胚胎黏合在一起，或将两个裸胚各切一半，分别合成两个新的嵌合体胚胎。然后将新合成的胚胎移植到受体母畜体内让其继续发育形成一种嵌合体的新后代。

4. 卵核移植技术。将一个早期胚胎的卵裂球分离成几十个具有相同的遗传基因的卵细胞，然后把这些卵细胞核分别注入受体母畜的去核的受精卵中，获得从同一个优良品种卵繁殖出来的性状相同的许多仔畜。这是细胞核移植技术的一种，但它与前面讲到的植物细胞核质移植不尽相同。

5. 体外受精技术。用采集的供体家畜的精子与卵子在试管中进行受精，并培育成胚胎，再移植到受体母畜体内进行继续发育，生产出叫做"试管仔畜"的技术。这项技术在人医上发展很快。目前，国内外已有"试管婴儿"6000多例，而在动物繁殖上成功的还不太多。据各国报道，现有试管牛、羊、猪、兔、鼠共计还不到400头（只）。

6. 胚胎性别鉴定技术。就是在不影响移植发育的前提下，将供移植胚胎上的细胞，取下少许，用电泳法、HY抗法法、DNA探针法以及离心分离法等先进技术进行性别鉴定，以便按需要控制繁育新仔畜的性别。

7. 基因导入技术。就是将外源基因注入性细胞或胚胎，以改进家畜基因组型，培育具有新的性状的仔畜。1982年美国4个实验室把大鼠的生长激素基因，注射到小鼠的受精卵内，培育出的转基因小鼠生长加快，体重相当于原种小鼠的2倍，被叫做"超级小鼠"。它所具有的新性状，还可以遗传给后代。1983年英国剑桥大学的科研人员首先将山羊和绵羊杂交成功，这种山绵羊，头上长有山羊角，身体长得又如绵羊，但这种山绵羊和骡子一样，不能繁衍后代。各国的科学家们寄希望用这项技术培育出"超级家畜"或某些"微型动物"以适应人们各种不同的需要。

胚胎分割技术

胚胎分割是指采用机械方法将早期胚胎切割成2等份、4等份或8等份等，经移植获得同卵双胎或多胎的技术。胚胎分割需要的主要仪器设备为实体显微镜和显微操作仪。

进行胚胎分割时，应选择发育良好的囊胚，用分割针或分割刀进行分割，对囊胚进行分割时，要注意将内细胞团均等分割，否则会影响胚胎的恢复和进一步发育。

胚胎分割主要用于优良品种的繁殖，以牛为例，有的牛奶多，但繁殖慢。这时，就用促性腺激素促使该良种母牛超数排卵，然后把卵从该母牛体内取出，在试管内与人工采集的精子进行体外受精，培育成胚胎，再把胚胎送入经过同期激素处理、可以接受胚胎、孕期相同的母牛子宫内，孕育出小牛。

蛋白质工程的应用

蛋白质工程是新一代的生物工程。蛋白质工程的中心内容是改造现有的蛋白质，生产新的、自然界并不存在的蛋白质来满足人们的需求。这些蛋白质主要是酶。

高新技术的日新月异实在令人赞叹不已。基因工程、细胞工程、发酵工程、酶工程这四大支柱已经被归入"上一代"、"老一代"了。

这些"上一代""老一代"的生物工程确实还存在缺陷，还有许多问题需解决。问题之一便是产品的不稳定性，T4溶菌酶便是一例。又如，人们寄托了很大希望的抗肿瘤、抗病毒药物二r扰索，遇热也极易变性，在－70℃的低温条件下也只能保存很短的时间。问题之二是产品的副作用。例如，用小鼠细胞培养、生产的单克隆抗体，进入人体后一方面表现出强大的药理作用；一方面却会引起免疫反应，因为它毕竟是异体蛋白。此外，生物工程的许多产品还存在着活性低、提纯困难等问题，这些问题正是蛋白质工程的攻关对象。

要改造一种蛋白质，大致要经过以下几个阶段：

1. 通过计算机图像分析，找出蛋白质整体结构中足以使某个性能发生改变的部位，或者说在氨基酸长链中找个关键的氨基酸。然后确定这个氨基酸需要如何加工修饰，或者干脆用哪一个氨基酸来代换。

2. 找到生物细胞中指导合成这种蛋白质的DNA片段，并找出与那个关键氨基酸相对应的碱基，经过分析后用另一个碱基来取代它。这个繁琐的过程也少不了计算机的帮助。

3. 将改造过的DNA片段移植到细菌、酵母菌或其他微生物体内，经过培养，筛选出能"分泌"出理想的新蛋白质的菌株，再运用发酵工程大量生产这种新蛋白质。

以上说的仅仅是蛋白质工程一种比较有代表性的生产过程，对这个过程的描述也是极其粗略的。然而，它大概已经能表明，蛋白质工程集中了生物工程的精粹，而且还是计算机技术和现代生物技术杂交生成的宠儿。

拿计算机图像显示来说，它显示的不光是氨基酸排列顺序，不光是氨基酸长链如何缠绕、盘旋的立体结构，还要显示出每个氨基酸的受力情况——在哪些相邻分子的引力下处于平衡状态。更进一步地，它还要显示如果某个氨基酸发生改变，这一平衡状态将会如何变化，对整个蛋白质的功能将会有什么样的影响。如果没有现代计算机技术，这一切都是难以想象的。

蛋白质工程问世还不久，取得的成果已经令人刮目相看。

那种T4溶菌酶，蛋白质工程得以妙手回春，将它的3位异亮氨酸换成半胱氨酸，再跟97位半胱氨酸连接起来。这样，它在67℃下反应3小时后，活性丝毫未减。在－70℃的低温下难以保存的干扰素，经蛋白质工程的点化，

生物化学在各行业的应用

胱氨酸被换成丝氨酸，一下子变得可以保存半年之久了。

一种生产中很有用的酪氨酸转移核糖核酸酶，只是在一个位点上：用脯氨酸取代了苏氨酸，催化能力一下子提高了25倍。

对于用小鼠细胞培养生产的单克隆抗体，专家们已经提出了"开刀方案"，打算把它整修得更接近于人的抗体，以减轻副作用。

蛋白质工程不仅要对那些生物工程的产品进行再加工，还要对一些纯天然的蛋白质进行模拟和改造。

例如，那绵软、飘逸的蚕丝，那蓬松、暖和的羊毛，那纤细、坚韧的蛛丝，它们本质上都是蛋白质。对它们进行模拟和改造，再实现大量生产，将会获得性能比蚕丝、羊毛、蛛丝更优异的材料，改善我们的生活条件。

浏览一下对蛋白质工程的众多评价是很有意思的。

有人称它是第二代生物工程，有人称它是第二代基因工程，有人说它"曙光初露"，有人说它"前途无量"。

20世纪80年代，有人将"21世纪是生物学的世纪"这句话改成"21世纪是生物工程的世纪"；20世纪90年代，又有人指出"21世纪是蛋白质工程的世纪"。

众多人们的关注和瞩目才会引出众多的评价。众多评价至少传递出一条信息：蛋白质工程充满魅力，充满希望。在近几年内，蛋白质工程可能会取得更多的突破，又将会招来许多新的评价，我们期待着。

▌▌基因工程的应用

基因工程应用的另一个主要方向是利用基因移植技术定向改造农作物的遗传特性，使其按照人们预期的设想发育。自然界中有些细菌具有抗除草剂、耐高温、耐盐碱、耐干旱等性能，这些性状正是农作物所缺乏的。把细菌的这些性能，通过基因移植技术移植到农作物上，将从根本上提高农作物抵抗病虫害的能力。1982年，美国孟山都公司和比利时根特大学的科学家，分别成功地把细菌抗卡那霉素基因移植到向日葵、烟草和胡萝卜等农作物的细胞中，使这些作物获得了很强的抗卡那霉素的能力。科学家们认为，这是利用基因工程技术改变农作物性状的一个重大突破。1986年，比利时一个遗传科学家小组把能产生杀死昆虫幼虫毒素的苏云金杆菌基因成功地移植到烟草细胞中。害虫幼虫吃了这些带有苏云金杆菌基因的烟草，两天以后就会身体麻痹而死。这种烟草还能把这种抵抗力一代一代地遗传下去。

人类的基本食物是以农作物为主的粮食。然而，低蛋白的粮食难以满足人类对蛋白质的需求。当前全世界每年缺少蛋白质4000万吨。在粮食中谷类作物的蛋白质含量大约只有10%。而豆类作物的蛋白质含量就很高，大豆的蛋白质含量高达40%。如果能把豆类中与蛋白质合成有密切关系的基因移植到别的农作物细胞里，就可提高这些农作物的蛋白质含量。1981年6月，美国威斯康星大学的肯普与霍尔领导的研究人员，利用基因移植技术，从菜豆里取出了一个产生蛋白质的基因，把它拼接到根瘤杆菌Ti质粒运载体中，通过正常的转入机理，把菜豆蛋白质基因转移到向日葵细胞里。科学家们正利用组织培养方法，使这个新类型"向日葵豆"细胞能再生出"向日葵豆"植株来，并期待它能生产出大量的豆类蛋白质。

1985年，中国的一位留学生在美国期间，把大豆的一种主要贮藏蛋白质的基因移植到一种叫做矮牵牛的植物体中。后来，他在这种矮牵牛的种子里检验出了大豆的蛋白质。这说明大豆的蛋白质基因控制矮牵牛生产出大豆蛋白。这些成果表明，利用基因移植技术来提高农作物的蛋白质含量具有极大的发展前景。

重组 DNA 技术

这是用人工手段对DNA进行改造和重新组合的技术。包括对DNA分子的精细切割、部分序列的去除、新序列的加入和连接、DNA分子扩增、转入细胞的复制繁殖、筛选、克隆、鉴定和序列测定等等，是基因工程技术的核心。

重组DNA技术来源于两个方面的基础理论研究——限制酶和基因载体。重组DNA技术中所用的基因载体主要是质粒和温和噬菌体两类。1972年美国的分子生物学家伯格等将动物病毒SV40的DNA与噬菌体P22的DNA连接在一起，构成了第一批重组体DNA分子。1973年美国的分子生物学家科恩等又将几种不同的外源 DNA 插入质粒 pSC101 的 DNA 中,并进一步将它们引入大肠杆菌中,从而开创了遗传工程的研究。

基因探针技术

基因探针,即核酸探针,是一段带有检测标记且顺序已知的与目的基因互补的核酸序列(DNA 或 RNA)。基因探针通过分子杂交与目的基因结合,产生杂交信号,能从浩瀚的基因组中把目的基因显示出来。根据杂交原理,作为探针的核酸序列至少必须具备以下两个条件:①单链。若为双链,必须先行变性处理。②应带有容易被检测的标记。它可以包括整个基因,也可以仅仅是基因的一部分;可以是 DNA 本身,也可以是由之转录而来的 RNA。

基因探针(probe)又称"寡核苷酸探针",简称"探针",就是一段与目的基因或 DNA 互补的特异核苷酸序列。它可以包括整个基因,也可以仅仅是基因的一部分;可以是 DNA 本身,也可以是由之转录而来的 RNA。

1. 探针的来源。DNA 探针根据其来源有 3 种:一种来自基因组中有关的基因本身,称为基因组探针(genomic probe);另一种是从相应的基因转录获得了 mRNA,再通过逆转录得到的探针,称为 cDNA 探针(cDNA probe)。与基因组探针不同的是,cDNA 探针不含有内含子序列。此外,还可在体外人工合成碱基数不多的与基因序列互补的 DNA 片段,称为寡核苷酸探针。

2. 探针的制备。进行分子突变需要大量的探针拷贝,后者一般是通过分子克隆(molecular cloning)获得的。克隆是指用无性繁殖方法获得同一个体细胞或分子的大量复制品。当制备基因组 DNA 探针进入时,应先制备基因组文库,即把基因组 DNA 打断或用限制性酶做不完全水解,得到许多大小不等的随机片段,将这些片段体外重组到运载体(噬菌体、质粒等)中去,再将后者转染适当的宿主细胞如大肠杆菌,这时在固体培养基上可以得到许多携带有不同 DNA 片段的克隆噬菌斑,通过原位杂交,从中可筛出含有目的基因片段的克隆,然后通过细胞扩增,制备出大量的探针。

为了制备 cDNA 探针,首先需分离纯化相应的 mRNA,这从含有大量 mRNA 的组织、细胞中比较容易做到。如从造血细胞中制备 α 或 β 珠蛋白

mRNA。有了 mRNA 作模板后,在逆转录酶的作用下,就可以合成与之互补的 DNA(即 cDNA),cDNA 与待测基因的编码区有完全相同的碱基顺序,但内含子已在加工过程中切除。

寡核苷酸探针是人工合成的,与已知基因 DNA 互补的,长度可从十几到几十个核苷酸的片段。如仅知蛋白质的氨基酸顺序量,也可以按氨基酸的密码推导出核苷酸序列,并用化学方法合成。

3. 探针的标记。为了确定探针是否与相应的基因组 DNA 杂交,有必要对探针加以标记,以便在结合部位获得可识别的信号,通常采用放射性同位素 ^{32}P 标记探针的某种核苷酸 α 磷酸基。但近年来已发展了一些用非同位素如生物素、地高辛配体等作为标记物的方法,但都不及同位素敏感。非同位素标记的优点是保存时间较长,而且避免了同位素的污染。最常用的探针标记法是缺口平移法(nick translation)。首先用适当浓度的 DNA 酶 I(DNAse I)在探针 DNA 双链上造成缺口,然后再借助于 DNA 聚合酶 I(DNA poly meras I)5′→3′的外切酶活性,切去带有 5′磷酸的核苷酸;同时又利用该酶的 5′→3′聚酶活性,使 ^{32}P 标记的互补核苷酸补入缺口,DNA 聚合酶 I 的这两种活性的交替作用,使缺口不断向 3′的方向移动,同时 DNA 链上的核苷酸不断为 ^{32}P 标记的核苷酸所取代。

探针的标记可以采用随机引物法,即向变性的探针溶液加入 6 个核苷酸的随机 DNA 小片段,作为引物,当后者与单链 DNA 互补结合后,按碱基互补原则不断在其 3′OH 端添加同位素标记的单核苷酸,这样也可以获得比放射性很高的 DNA 探针。

DNA 探针是最常用的核酸探针,指长度在几百碱基对以上的双链 DNA 或单链 DNA 探针。现已获得 DNA 探针数量很多,有细菌、病毒、原虫、真菌、动物和人类细胞 DNA 探针。这类探针多为某一基因的全部或部分序列,或某一非编码序列。这些 DNA 片段须是特异的,如细菌的毒力因子基因探针和人类 Alu 探针。这些 DNA 探针的获得有赖于分子克隆技术的发展和应用。以细菌为例,目前分子杂交技术用于细菌的分类和菌种鉴定比之 G+C 百分比值要准确得多,是细菌分类学的一个发展方向。加之分子杂交技术的高敏感性,分子杂交在临床微生物诊断上具有广阔的前景。细菌的基因组大小约 5×10^6 bp,约含 3000 个基因。各种细菌之间绝大部分 DNA 是相同的,要获得某细菌特异的核酸探针，通常要采取建立细菌基因组 DNA 文库的办法，即将细菌 DNA 切成小片段后分别克隆得到包含基因组的全信息的克隆库。然后用多种其他菌种的 DNA 作探针来筛选，产生杂交信号的克隆被剔除，最后剩下的不与任何其他细菌杂交的克隆则可能含有该细菌特异性 DNA 片段。将此重组质粒标记后作探针进一步鉴定，亦可经 DNA 序列分析鉴定其基因来源和功能。因此要得到一种特异性 DNA 探针，常常是比较繁琐的。探针 DNA 克隆的筛选也可采用血清学方法，所不同的是所建 DNA 文库为可表达性，克隆菌落或噬斑经裂解后释放出表达抗原，然后用来源细菌的多克隆抗血清筛选阳性克隆，所得到多个阳性克隆再经其他细菌的抗血清筛选，最后只与本细菌抗血清反应的表达克隆即含有此细菌的特异性基因片段，它所编码的蛋白是该菌种所特有的。用这种表达文库筛选得到的显然只是特定基因探针。

对于基因探针的克隆尚有更快捷的途径。这也是许多重要蛋白质的编码基因的克隆方法。该方法的第一步是分离纯化蛋白质，然后测定该蛋白的氨基或羟基末端的部分氨基酸序列，然后根据这一序列合成一套寡核苷酸探针。用此探针在 DNA 文库中筛选，阳性克隆即是目标蛋白的编码基因。值得一提的是真核细胞和原核细胞 DNA 组织有所不同。真核基因中含有非编码的内含子序列，而原核则没有。因此，真核基因组 DNA 探针用于检测基因表达时杂交效率要明显低于 cDNA 探针。DNA 探针（包括 cDNA 探针）的主要优点有下面三点：①这类探针多克隆在质粒载体中，可以无限繁殖，取之不尽，制备方法简便。②DNA 探针不易降解（相对 RNA 而言），一般能有效抑制 DNA 酶活性。③DNA 探针的标记方法较成熟，有多种方法可供选择，如缺口平移、随机引物法、PCR 标记法等，能用于同位素和非同位素标记。

DNA 探针可以用来诊断寄生虫病、现场调查及虫种鉴定，可用于病毒性肝炎的诊断、遗传性疾病的诊断，可用于改造变异的基因，可用于检测饮用水病毒的含量。具体方法：用一个特定的 DNA 片段制成探针，与被测的病毒 DNA 杂交，从而把病毒检测出来。与传统方法相比具有快速、灵敏的特点。传统的检测一次，需几天或几个星期的时间，精确度不高，而用 DNA 探针只需 1 天。据报道，能从 1 t 水中检测出 10 个病毒来，精确度大大提高。

RNA 探针是一类很有前途的核酸探针，由于 RNA 是单链分子，所以它与靶序列的杂交反应效率极高。早期采用的 RNA 探针是细胞 mRNA 探针和病毒

RNA 探针，这些 RNA 是在细胞基因转录或病毒复制过程中得到标记的，标记效率往往不高且受到多种因素的制约。这类 RNA 探针主要用于研究目的，而不是用于检测。例如，在筛选逆转录病毒人类免疫缺陷病毒（HIV）的基因组 DNA 克隆时，因无 DNA 探针可利用，就利用 HIV 的全套标记 mRNA 作为探针，成功地筛选到多株 HIV 基因组 DNA 克隆。又如进行中的转录分析（nuclearrunontranscriptionassay）时，在体外将细胞核分离出来，然后在 $\alpha-^{32}P-ATP$ 的存在下进行转录，所合成 mRNA 均掺入同位素而得到标记，此混合 mRNA 与固定于硝酸纤维素滤膜上的某一特定的基因的 DNA 进行杂交，便可反映出该基因的转录状态，这是一种反向探针实验技术。

近几年体外转录技术不断完善，已相继建立了单向和双向体外转录系统。该系统主要基于一类新型载体 pSP 和 pGEM，这类载体在多克隆位点两侧分别带有 SP6 启动子和 T7 启动子，在 SP6RNA 聚合酶或 T7RNA 聚合酶作用下可以进行 RNA 转录，如果在多克隆位点接头中插入了外源 DNA 片段，则可以此 DNA 两条链中的一条为模板转录生成 RNA。这种体外转录反应效率很高，在 1 h 内可合成近 10 μg 的 RNA 产生，只要在底物中加入适量的放射性或生物素标记的 NTP，则所合成的 RNA 可得到高效标记。该方法能有效地控制探针的长度并可提高标记物的利用率。

值得一提的是，通过改变外源基因的插入方向或选用不同的 RNA 聚合酶，可以控制 RNA 的转录方向，即以哪条 DNA 链以模板转录 RNA。这种可以得到同义 RNA 探针（与 mRNA 同序列）和反义 RNA 探针（与 mRNA 互补），反义 RNA 又称 cRNA，除可用于反义核酸研究外，还可用于检测 mRNA 的表达水平。在这种情况下，因为探针和靶序列均为单链，所以杂交的效率要比 DNA-DNA 杂交高几个数量级。RNA 探针除可用于检测 DNA 和 mRNA 外，还有一个重要用途：在研究基因表达时，常常需要观察该基因的转录状况。在原核表达系统中外源基因不仅进行正向转录，有时还存在反向转录（即生成反义 RNA），这种现象往往是外源基因表达不高的重要原因。另外，在真核系统，某些基因也存在反向转录，产生反义 RNA，参与自身表达的调控。在这些情况下，要准确测定正向和反向转录水平就不能用双链 DNA 探针，而只能用 RNA 探针或单链 DNA 探针。

探针是能与特异靶分子反应并带有供反应后检测的合适标记物的分子。

生物化学在各行业的应用

利用核苷酸碱基顺序互补的原理,用特异的基因探针即识别特异碱基序列的有标记的一段单链 DNA(或 RNA)分子,与被测定的靶序列互补,以检测被测靶序列的技术叫核酸探针技术。探针制备就是将目的基因进行标记。特异性探针有三种形式——cDNA、RNA、寡核苷酸。cDNA 和寡核苷酸是目前最常采用的探针。RNA 探针用途很广,也容易获得,但其不稳定性限制了其商业用途。cDNA 探针的获得是将特定的基因片段装载到质粒或噬菌体中,经过扩增、酶切、纯化等复杂的步骤,才能得到一定长度的 cDNA 探针。这一过程比较复杂,有相应条件的实验室才能做到。寡核苷酸探针是在已知基因序列的情况下,由核酸合成仪来完成,可廉价获得大量的此类探针。质量也相对来说更为稳定。由于 cDNA 探针长度通常为数百至数千个碱基,所以有良好的信号放大作用,但其渗透性比较差。寡核苷酸探针一般为十数个至数十个碱基,渗透性强,但信号放大作用则较差,合成的多相寡核苷酸探针,敏感性可以达到 cDNA 探针水平。

探针的标记方式有放射性标记和非放射性标记。标记物质有放射性元素(如 ^{32}P 等)和非放射性物质(如生物素、地高辛等)。^{32}P 是最常用的核苷酸标记同位素,被标记的 dNTP 本身就带有磷酸基团,便于标记。特点是比活性高,可达 9000Ci/mmol;发射的 β 射线能量高。用它标记的探针自显影时间短、灵敏度高。^{32}P 的半衰期短,虽使用不方便,但为废弃物的处理减轻了压力。非放射性标记法有酶标法和化学物标记法。酶标方法与免疫测定 ELISA 方法相似,只是被标记的核酸代替了被标记的抗体,事实上被标记的抗体也称为探针,现有许多商品是生物素、地高辛标记的。血凝素与生物素有非常高的亲和性,当血凝素标记上过氧化物酶或碱性磷酸酶,经杂交反应最终形成探针–生物素–血凝素酶复合物(ABC 法),酶催化底物显色,观察结果。ABC 法底物显色生成不溶物,以便观测结果。酶标记法复杂、重复性差、成本高,但便于运输、保存,灵敏度与放射物标记法相当。

探针标记方法有:①缺口平移标记法。利用的是 DNA 聚合酶 I 能修复 DNA 链的功能。该法先由 DNaseI 在 DNA 双链上随机切出切口,然后 DNA 聚合酶 I 沿缺口水解 5´端核苷酸,同时在 3´端修复加入被标记核苷酸,切口平行推移。缺口平移法快速、简便、成本相对较低、比活性相对较高、标记均匀,多用于大分子 DNA 标记(大于 1000bp 最好),但单链

DNA、RNA不能用该法标记。②随机引物法。随机引物是指含有各种可能排列顺序的寡聚核苷酸片断的混合物,因此它可以与任意核苷酸序列杂交,起到聚合酶反应的引物作用。将待标记的DNA探针片段变性后与随机引物一起杂交,然后以此杂交的寡聚核苷酸为引物,在大肠杆菌DNA聚合酶Ⅰ大片段(KlenowFragment)催化下,合成与探针DNA互补的DNA链,当在反应体系中含有$a-^{32}P-dNTP$时,即形成放射性同位素标记的DNA探针。具有上述优点,可代替缺口平移法。此外大小、单双DNA均可标记,标记均匀,标记率高,但也不能标记环状DNA。随机引物法标记探针一般长400~600 bp。③末端标记法(又叫尾标)。利用末端转移酶可进行"尾标",尾标适用于寡核苷酸探针标记,寡核苷酸探针多用于核酸"点"突变的检测,该探针可用核酸合成仪人工合成,克隆出的探针一般较长,特异性好,标记量大,杂交的检出信号强。

探针合成的注意事项:①合成探针的长短,一般在20~50个核苷酸之间。合成过长成本高且易出现聚合酶合成错误,杂交时间长,合成太短则特异性下降。②碱基组成G-C应含40%~60%,一种碱基连续重复不超过4个,以免非特异性杂交产生。③探针自身序列内应无互补区域,以免产生"发夹"结构,影响杂交。总之,一个好的探针最终要在实践中才能加以确认。

噬菌体

噬菌体是感染细菌、真菌、放线菌或螺旋体等微生物的细菌病毒的总称。噬菌体基因组含有许多个基因,但所有已知的噬菌体都是在细菌细胞中利用细菌的核糖体、蛋白质合成时所需的各种因子、各种氨基酸和能量产生系统来实现其自身的生长和增殖。一旦离开了宿主细胞,噬菌体既不能生长,也不能复制。

噬菌体分布极广,凡是有细菌的场所,就可能有相应噬菌体的存在。在人和动物的排泄物或污染的井水、河水中,常含有肠道菌的噬菌体。在土壤中,可找到土壤细菌的噬菌体。噬菌体有严格的宿主特异性,只寄居在易感宿主菌体内,故可利用噬菌体进行细菌的流行病学鉴定与分型,以追查传染源。由于噬菌体结构简单、基因数少,是分子生物学与基因工程的良好实验系统。

转基因作物

从表面上看来,转基因作物同普通植物似乎没有任何区别,它只是多了能使它产生额外特性的基因。从1983年以来,生物学家已经知道怎样将外来基因移植到某种植物的脱氧核糖核酸中去,以便使它具有某种新的特性:抗除莠剂的特性、抗植物病毒的特性、抗某种害虫的特性……这个基因可以来自任何一种生命体:细菌、病毒、昆虫……这样,通过生物工程技术,人们可以给某种作物注入一种靠杂交方式根本无法获得的特性,这是人类9000年作物栽培史上的一场空前革命。

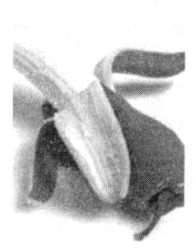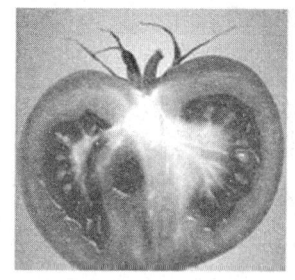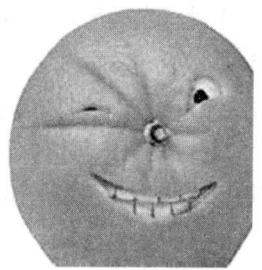

转基因作物

世界上第一种基因移植作物是一种含有抗生素药类抗体的烟草。它在1983年培植出来,直到10年以后,第一种市场化的基因食物才在美国出现,那是一种可以延迟成熟的西红柿。1996年,由这种西红柿食品制造的西红柿饼才得以允许在超市出售。

迄今为止,转基因牛羊、转基因鱼虾、转基因粮食、转基因蔬菜和转基因水果在国内外均已培育成功并已投入食品市场。国家农业转基因生物安全委员会委员、中国农科院植保所彭于发研究员介绍,全球的转基因作物在问世后的7年中整整增加了40倍,转基因生物以植物、动物和微生物为多,其中植物是最普遍的。从1983年研究成功后,转基因作物从1996年的170万公顷直接增长至2003年的6770万公顷,有五大洲18个国家的700万户农户种植，其中转基因大豆已占全部大豆种植的55%，玉米占11%，棉花占21%，油菜占16%，这些作物的国际贸易出口额也在增加。

美国是转基因技术采用最多的国家。自20世纪90年代初将基因改制技术实际投入农业生产领域以来，目前美国农产品的年产量中55%的大豆、45%的棉花和40%的玉米已逐步转化为通过基因改制方式生产。目前，大约有20多种转基因农作物的种子已经获准在美国播种，包括玉米、大豆、油菜、土豆、和棉花。据估计，从1999年到2004年，美国基因工程农产品和食品的市场规模将从40亿美元扩大到200亿美元，到2019年将达到750亿美元。有专家预计：21世纪初，很可能美国的每一种食品中都含有一定量基因工程的成分。其他还有阿根廷、加拿大也是转基因农业生产发展迅速的国家。

我国已经开展了棉花、水稻、小麦、玉米和大豆等方面的转基因研究，目前已经取得了很多研究成果，尤其是在转基因棉花研究方面成绩突出。然而，真正进行大规模商业化的品种却并不很多。真正规模种植的只有抗病毒甜椒和延迟成熟西红柿、抗病毒烟草、抗虫棉等6个品种。有专家认为，我国同样也存在着大量的转基因食品。市场调查显示，在我国市场上70%的含有大豆成分的食物中都有转基因成分，像豆油、磷脂、酱油、膨化食品等等，所以很多公众其实是在不知不觉中和转基因食品有了联系。另外我国一些进口食品中含有转基因成分。在我国流行的快餐食品店麦当劳和肯德基的食品中，转基因的含量也都很高。

转基因食品

全球人口的迅猛增长，耕地面积的不断减少，粮食问题成为世界许多国家面临的一个十分棘手的问题。要满足人们的食品供应，提高食品供应质量，必须依靠科学技术。目前转基因技术在食品生产中的应用，已取得明显的成效，转基因食品也已悄然走上人们的餐桌。转基因食品（Genetically modified food）就是以转基因生物为原料加工生产的食品。世界上最早的转基因作物诞生于1983年，是一种含有抗生素类抗体的烟草。直到10年以后，第一种市场化的转基因食品才在美国出现。它是一种可以延迟成熟的西红柿。到了

1996 年,由其制造的番茄酱才得以允许在超市出售。

据统计,1997 年全世界转基因作物的播种面积约为 1100 万 hm^2,1998 年上升到 2780 万 hm^2,1999 年将近达到 4000 万 hm^2。

全球转基因农作物销售额 1995 年为 7500 万美元,1996 年达 2.35 亿美元,1997 年达 6.7 亿美元,1998 年跃升为 16 亿美元。2000 年,全世界的转基因农产品市场达到 30 亿美元以上,预计到 2010 年将达到 250 亿美元。转基因动物产品可达到 75 亿美元。美国是转基因技术采用最多的国家,20 世纪 80 年代初,美国最早进行转基因食品的研究。从 1983 年转基因作物诞生,到 1997 年,美国已能生产 34 种转基因作物,如土豆、西葫芦、玉米、番茄、木瓜、大豆等,并形成了可观的产业规模。转基因作物播种的面积已占大豆播种总面积的 55%,占玉米播种面积的 40%。阿根廷是继美国之后大量采用转基因技术的第二个国家,1997 年,阿根廷转基因作物的播种面积仅 140 万 hm^2,1998 年增加到 550 万 hm^2,其中 75% 的大豆播种面积采用了经过改变基因的豆种。加拿大也是转基因农业生产发展迅速的国家,它的转基因作物播种面积已从 1997 年的 130 万 hm^2 增加到 2000 年的 280 万 hm^2,2001 年 51% 的大豆和玉米采用了经过基因处理的种子。除上述 3 个国家外,世界上应用转基因技术比较多的国家还有澳大利亚、墨西哥、西班牙、法国和南非等。

中国是 20 世纪 90 年代初进入商业型转基因农业生产的第一个发展中国家。在 21 世纪,中国的转基因食品会得到很快的发展,一方面因为我国的生物技术研究越来越接近世界水平,甚至有些方面已达到世界水平,为其发展提供了可靠的技术支持;另一方面,中国对转基因食品的市场需求很大,中国人均耕地面积少,不可能完全依靠扩大耕地面积来满足人们的食品需求,只能走高科技发展之路,生物技术无疑是其中一个重要手段,亦是提高食品质量的一种重要方式。如果我们自己不发展,这个潜在的市场就会被国外的转基因食品所抢占。

有利的方面:过去改变植物的品种主要是通过育种,这种传统的育种方式需要的时间长,杂交出的品种不易控制,目的性差,其后代可能高产但不抗病,也可能抗病但不高产,也许是高产但品质差,所以必需一次一次地进行选育。而转基因技术就不同了,可以选择任何一个目的基因转进去,就可得到一个相应的新品种,不用再花那么长的时间筛选了。

传统的育种只能是水稻对水稻、玉米对玉米进行杂交，不能水稻对玉米，水稻更不能和细菌进行杂交。而转基因技术不但可以把不同植物的基因进行组合，而且还可以把动物的基因，甚至人的基因组合到植物里去。比如：科学家看中了一种北极熊的基因，认为它有抵抗冷冻的作用，于是将其分离取出，再植入番茄之中，培育出耐寒番茄。

通过转基因技术可培育高产、优质、抗病毒、抗虫、抗寒、抗旱、抗涝、抗盐碱、抗除草剂等特性的作物新品种，以减少对农药、化肥和水的依赖，降低农业成本，大幅度地提高单位面积的产量，改善食品的质量，缓解世界粮食短缺的矛盾。例如：马铃薯植入天蚕素的基因后，抗清枯病、软腐病的能力大大提高。过去这两种病每年会带来近三成的减产，一种抗科罗拉多马铃薯甲虫的马铃薯，可使美国每年少用 37 万 kg 的杀虫剂；阿根廷播种转基因豆种后，大豆抗病和抗杂草能力大为增加，使用农药和除草剂的量减少，生产成本比原来下降了 15%。

利用转基因技术生产有利于健康和抗疾病的食品。杜邦和孟山都公司即将推出多种可榨取有益心脏的食用油的大豆。两大公司还将联手推出味道更鲜美且更容易消化的强化大豆新品种。艾尔姆公司与其他公司合作，正在研究高含量抗癌物质的西红柿以及可用于生产血红蛋白的玉米和大豆。此外，含疫苗的香蕉和马铃薯也正在加紧研究中；日本科学家利用转基因技术成功培育出可减少血清胆固醇含量、防止动脉硬化的水稻新品种；欧洲科学家新培育出了米粒中富含维生素 A 和铁的转基因稻，这一成果有可能帮助降低全球范围内，特别是以稻米为主食的发展中国家缺铁性贫血和维生素 A 缺乏症的发病率。

微生物工程的应用

20 世纪 70 年代，基因重组技术、细胞融合等生物工程技术的飞速发展，为人类定向培育微生物开辟了新途径，微生物工程应运而生。通过 DNA 的组装或细胞工程手段，按照人类设计的蓝图创造出新的"工程菌"和超级菌。然后通过微生物的发酵生产出对人有益的物质产品。

在生物界中，微生物的比表面积（表面积与体积之比）、转化能力、繁殖速度、变异与适应性、分布范围等五项指标超出所有生物之上，因而具有极

生物化学在各行业的应用

强的自我调节、环境适应和自我增殖能力。在适宜的条件下，细菌20分钟即可繁殖一代，24小时后，一个细胞可繁殖成4万亿亿个细胞，细菌比植物繁殖率快500倍，比动物快2000倍。

传统的发酵技术，与现代生物工程中的基因工程、细胞工程、蛋白质工程和酶工程等相结合，使发酵工业进入到微生物工程的阶段。

微生物工程包括菌种选育、菌体生产、代谢产物的发酵以及微生物机能的利用等。

现代微生物工程不仅使用微生物细胞，也可用动植物细胞发酵生产有用的产品。例如利用培养罐大量培养杂交瘤细胞，生产用于疾病诊断和治疗的单克隆抗体等。

生物工程和技术被认为是21世纪的主导技术，作为新技术革命的标志之一，已受到世界各国的普遍重视。生物工程将为解决人类所面临的环境、资源、人口、能源、粮食等危机和压力提供最有希望的解决途径，但生物工程真正能应用于工业化生产的，主要还是微生物工程（发酵工程）。基因工程、细胞工程、酶工程、单克隆抗体和生物能量转化等高科技成果，也往往通过微生物才能转化为生产力。

与传统化学工业相比，微生物工程有以下优点：

1. 以生物为对象，不完全依赖地球上的有限资源，而着眼于再生资源的利用，不受原料的限制。

2. 生物反应比化学合成反应所需的温度要低得多，同时可以简化生产步骤，实行生产过程的连续性，大大节约能源，缩短生产周期，降低成本，减少对环境的污染。

3. 可开辟一条安全有效地生产价格低廉、纯净的生物制品的新途径。

4. 能解决传统技术或常规方法所不能解决的许多重大难题，如遗传疾病的诊治，并为肿瘤、能源、环境保护提供新的解决办法。

5. 可定向创造新品种、新物种，适应多方面的需要，造福于人类。

6. 投资小，收益大，见效快。

微生物工程正逐渐形成一股引起工业调整和社会结构改革的力量。因此，世界各国政府纷纷把微生物发酵工程列入本国科学技术优先开发的项目。

微生物采矿

微生物几乎都能和金属发生一定作用，恰当地利用这种作用可以取得相当可观的经济效益，因此逐渐受到企业界的重视。目前主要应用在从矿石中浸滤金属或浓缩废液中所含的微量金属两个方面。现在，美国已大规模地利用细菌浸滤法从废弃的原料中回收铜。浸滤是用大量的水（一般为数百吨）在矿石间循环，使生息在岩石间的细菌浸提出金属。机理有两种：一是细菌直接与矿石作用，提取金属；二是细菌产生亚铁及硫酸之类的物质，利用这些物质提取金属。在铀矿山应用细菌浸滤法，有可能从已无法开采的铀矿中采铀。使含有细菌的水通过地下矿脉渗透到竖井中，然后用泵把溶有铀的水提升到地面回收铀。

微生物酶制剂

以微生物酶为主体的酶制剂工业形成于 20 世纪 50 年代。其中工业用酶 50~60 种，治疗和诊断用酶 120 多种，酶试剂 300 多种，已涉及食品、医药、发酵、日用化工、轻纺、制革、水产、木材、造纸、能源、农业、环保等经济部门。因此，人们把酶制剂工业称为工业领域中的"医学金矿"。国际上酶制剂的年产量已超过 10 万吨，其来源有动物、植物与微生物。微生物酶制剂是工业酶制剂的主体。由于酶制剂主要作为催化剂与添加剂使用，它带动了许多产业的发展。在实际使用中，酶的消费很少，而由它辐射出的实际经济收益却很大。固定化酶，就是用物理方法或化学方法将酶固定到某种大分子上面。这种大分子通常是一些不溶性的固体物质。酶和大分子之间可以通过吸附而固定，也可以通过化学反应使酶分子之间或者酶分子跟载体（大分子物质）之间相互联结起来。

此外，可用半透膜或有网眼的凝胶将酶分子包裹起来。由于酶的固定化，不仅增加了稳定性，而且还可将酶装成管式或柱式，有利于酶的催化作用连续化、管道化和自动化。20 世纪 60 年代后，固定化酶的研究取得了重大进

展。1969年，日本的千火田博士首先将固定化酶应用于工业生产，开创了固定化酶工业应用的新纪元。

酶存在于动物的脏器和植物的茎、叶、果中，但从这些原料中去提取人们所需要的酶，所得微乎其微。生物学家们在微生物中发现了存在于动、植物细胞中的酶，微生物繁殖非常迅速，细菌每隔20分钟即能1个变成2个，24小时内能繁殖72代，要是一个也不死，重量可达4722吨。利用微生物的繁殖速度，可以实施酶生产的工厂化。微生物培养易于控制，微生物本身也容易改造。基因工程的崛起，不仅能使微生物产生酶的产量大幅度提高，而且还能使经过基因改造的微生物生产出动、植物的酶。

例如有一种α淀粉酶，本是地衣芽孢杆菌生产的，而通过基因工程的办法却可使枯草杆菌生产α淀粉酶，这使淀粉酶的产量提高了2500倍。又如有一种人尿激酶，本来只存在于人的肾脏中，无法提取，但从人的肾脏中分离出人尿激酶基因，将这种基因与质粒PBR322进行重组后，就能使大肠杆菌生产人的尿激酶。

发酵现象

很早的时候人们就已经会利用酵母菌将葡萄糖发酵成乙醇和二氧化碳，发展了酿酒、制造工业酒精以及面包制造业。我国特有的普洱茶也是在这漫长的茶马古道上由微生物的发酵作用导致而诞生。虽然人们很早就开始利用发酵，但是对其现象与本质的研究直到19世纪后半叶才开始，并经历了长期的争论才得到阐明。

1897年，德国的汉斯和爱德华兄弟，开始制作不含细菌的酵母浸入液供药用，当取得了汁液后，为了防止腐败，选择了日常惯用的蔗糖作防腐剂，于是就有了重大的发现的开端。酵母菌的榨液居然引起

发酵食物

了蔗糖发酵。这是第一次发现没有活酵母存在的发酵现象。从此开始了研究没有活细胞参加的酒精发酵的新纪元。

琥珀酸脱氢酶提纯技术

王应睐

王应睐，生物化学家。半个世纪以来，在营养、维生素、血红蛋白、酶以及物质代谢等方面取得了一系列重要成果。在担任中国科学院生物化学研究所所长和中国生物化学学会理事长期间，对研究所的建设和学会的发展发挥了重要作用。在完成世界上首次人工合成结晶牛胰岛素和人工合成酵母丙氨酸转移核糖核酸的重大研究成果中，担任首席领导工作。为发展中国生化事业作出了杰出的贡献。

中华人民共和国成立后，王应睐对琥珀酸脱氢酶的分离纯化、辅基鉴定以及辅基与酶朊连接方式进行了系统的研究，取得了重要的成果，解决了20余年未获澄清的酶的性质问题，并对于辅基与酶朊的独特连接方式作了深入阐明。

琥珀酸脱氢酶是生物体呼吸链上的一个重要组分。所谓呼吸链是生物体中一个由多种酶组成的系统，它是生物体把摄取的食物分解，释放出能量以维持生命活动的新陈代谢所必经的一条途径。

1950年，王应睐观察到鼠肝组织中琥珀酸脱氢酶活力与核黄素（异咯嗪）的摄取量密切相关，但要深入研究这个酶首先要解决酶的提纯。由于这个酶与具有脂双层结构的线粒体膜结合得比较紧密，很难溶解下来，所以提纯很不容易。针对这一特点，王应睐与邹承鲁、汪静英一起采用正丁醇抽提的方法,成功地把琥珀酸脱氢酶从膜上溶解下来,从而分离纯化得到高纯度的水溶性琥珀酸脱氢酶,其活力比同期国外报道者高出1倍以上。这一纯化方法至今仍为国外许多实验室所采用,只是稍加修改,在提取时不再加氰化钾而已。

他对这个酶的性质的研究也有重要的发现,提出了充分的证据证明它是一种含有异咯嗪腺嘌呤二核苷酸和非血色素铁的酶,酶的蛋白部分与异咯嗪腺嘌呤二核苷酸是以共价键结合的,这是在酶的研究中第一个发现的以共价键结合的异咯嗪蛋白质,它为以后呼吸链有关酶系的分离和重组合的研究开辟了道路。这项工作居当时酶学研究的世界领先水平。1955年,在布鲁塞尔举行的第三届国际生化大会上,王应睐宣读了这一研究的论文,受到极高的评价。

抗体酶的应用

1946年,鲍林(Pauling)用过渡态理论阐明了酶催化的实质,即酶之所以具有催化活力,是因为它能特异性结合并稳定化学反应的过渡态(底物激态),从而降低反应能级。1969年,杰奈克斯(Jencks)在过渡态理论的基础上猜想:若抗体能结合反应的过渡态,理论上它则能够获得催化性质。1984年,列那(Lerner)进一步推测:以过渡态类似物作为半抗原,则其诱发出的抗体即与该类似物有着互补的构象,这种抗体与底物结合后,即可诱导底物进入过渡态构象,从而引起催化作用。根据这个猜想列那和苏尔滋(P. C. Schultz)分别领导各自的研究小组独立地证明了:针对羧酸酯水解的过渡态类似物产生的抗体,能催化相应的羧酸酯和碳酸酯的水解反应。1986年,美国Science杂志同时发表了他们的发现,并将这类具催化能力的免疫球蛋白称为抗体酶或催化抗体。

抗体酶具有典型的酶反应特性:与配体(底物)结合的专一性,包括立体专一性,抗体酶催化反应的专一性可以达到甚至超过天然酶的专一性;具有高效催化性,一般抗体酶催化反应速度比非催化反应快$10^4 \sim 10^8$倍,有的反应速度已接近于天然酶促反应速度;抗体酶还具有与天然酶相近的米氏方程动力学及 pH 值依赖性等。

将抗体转变为酶主要通过诱导法、引入法、拷贝法三种途径。诱导法是利用反应过渡态类似物为半抗原制作单克隆抗体，筛选出具高催化活性的单抗即抗体酶；引入法则借助基因工程和蛋白质工程将催化基因引入到特异抗体的抗原结合位点上，使其获得催化功能，拷贝法主要根据抗体生成过程中抗原－抗体互补性来设计的。博莱克（Pollack）等以硝基苯酚磷酸胆碱酯作为半抗原诱导产生单抗，经筛选找到加快水解反应 1.2 万倍的抗体酶。

抗体酶可催化多种化学反应，包括酯水解、酰胺水解、酰基转移、光诱导反应、氧化还原反应、金属螯合反应等。其中有的反应过去根本不存在一种生物催化剂能催化它们进行，甚至可以使热力学上无法进行的反应得以进行。

抗体酶的研究，为人们提供了一条合理途径去设计适合于市场需要的蛋白质，即人为地设计制作酶。它是酶工程的一个全新领域。利用动物免疫系统产生抗体的高度专一性，可以得到一系列高度专一性的抗体酶，使抗体酶不断丰富。随之出现大量针对性强、药效高的药物。立本专一性抗体酶的研究，使生产高纯度立体专一性的药物成为现实。以某个生化反应的过渡态类似物来诱导免疫反应，产生特定抗体酶，以治疗某种酶先天性缺陷的遗传病。抗体酶可有选择地使病毒外壳蛋白的肽键裂解，从而防止病毒与靶细胞结合。抗体酶的固定化已获得成功，将大大地推进工业化进程。

乳酸菌的应用

发展绿色无公害饲料添加剂是 21 世纪饲料工业的重要研究方向，饲用微生物制剂是实现这一目的的主要途径。本文重点介绍了乳酸菌类微生物制剂的发展概况、作用机理及提高应用效果的方式，并对乳酸菌类微生物安全性及其应用前景做一展望。

针对抗生素、激素和兴奋剂类等残留问题和对人类健康造成的威胁，科学家们将动物药品添加剂的研究方向投向具有生长促进作用和保健效果的饲用微生态制剂。微生态制剂是指在微生态学理论的指导下，调整生态失调、

生物化学在各行业的应用

保持微生态平衡、提高宿主（人、动植物）健康水平或增进健康状态的生理活性制品及其代谢产物以及促进这些生理菌群生长繁殖的生物制品。

饲用微生物制剂的发展概况

饲用微生物必须在生物学和遗传学特征上保证安全和稳定，因此应用前必须经过严格的病理、毒理试验，证明无毒、无害、无耐药性等副作用才能使用。目前常用的微生物种类主要有乳酸菌、芽孢杆菌、胶木菌、放线菌、光和细菌等几大类。美国 FDA（1989 年）规定允许饲喂的微生物有 40 余种，有近 30 种是乳酸菌。我国 1994 年农业部批准使用的微生物品种有蜡样芽孢杆菌、枯草芽孢杆菌、粪链球菌、双歧杆菌、乳酸杆菌、乳链球菌等，其中大部分也属于乳酸菌类。本文就以乳酸菌类微生物制剂为代表，初步探讨微生物制剂的作用机理及其开发利用。

乳酸菌的组成和分布

乳酸菌是一类能从可发酵碳水化合物（主要指葡萄糖）产生大量乳酸的细菌的统称，目前已发现的这一类菌在细菌分类学上至少包括 18 个属，主要有乳酸杆菌属、双歧杆菌属、链球菌属、明串珠球菌属、肠球菌属、乳球菌属、肉食杆菌属、奇异菌属、片球菌属、气球菌属、漫游球菌属、李斯特氏菌属、芽孢乳杆菌属、芽孢杆菌属中的少数种、环丝菌属、丹毒丝菌属、孪生菌属和糖球菌属等。

乳酸菌绝大多数都是厌氧菌或兼性厌氧的化能营养菌，革兰氏阳性。生长繁殖于厌氧或微好氧、矿物质和有机营养物丰富的微酸性环境中。污水、发酵生产（如青贮饲料、果酒、啤酒、泡菜、酱油、酸奶、干酪）培养物、动物消化道等乳酸菌含量较高。小牛胃和上部肠道中乳酸菌占优势，从牛乳喂养的小牛胃液中分离乳酸乳杆菌、发酵乳杆菌。小牛中主要是嗜酸乳杆菌。发酵乳杆菌则是粘附在柱状上皮细胞的主要乳杆菌。

乳酸菌的作用机理

乳酸菌对人和动物都有保健和治疗功效，这一点，国内外均有大量饲养和临床试验证明。Baird（1977）用乳杆菌饲喂断奶仔猪和生长育肥猪，试验证明均能增加日增重和提高饲料转化率。Lidbeck 等（1992）证实乳酸杆菌能预防放疗引起的腹泻。蔡辉益等（1993）对益生素使用效果进行统计，其中乳酸菌类益生素饲喂猪的报道，7 例证明能提高日增重，平均提高 7.67%。6 例证明提高饲料转化率，平均提高 5.4%，饲喂肉鸡的报道中，5 例证明提高日增重，平均达 7.32%。5 例证明提高饲料利用率，平均达 9.5%。乳酸杆菌在饲喂育肥牛（舍饲）时使用，平均日增重提高 13.2%，饲料转化率提高 6.3%，发病率下降 27.7%。Gallagher 等（1974）研究表明，食用酸奶的人群对乳糖的利用率比食用含相同乳糖浓度的牛奶要高，从而减轻乳糖的不耐受症状。此外乳酸菌的抗癌作用也有不少报道。

乳酸菌在实际应用中效果显著，近两年来，更多的研究工作集中于乳酸菌发挥这些功能的作用机制的探讨上。有关报道很多，综其所述，其作用机理主要有以下几点：①提供营养物质，具有促机体生长作用。②改善微生态环境，清理肠道有毒物质。③调节消化免疫系统等。

DNA 指纹技术

DNA 指纹：指具有完全个体特异的 DNA 多态性，其个体识别能力足以与手指指纹相媲美，因而得名。可用来进行个人识别及亲权鉴定。

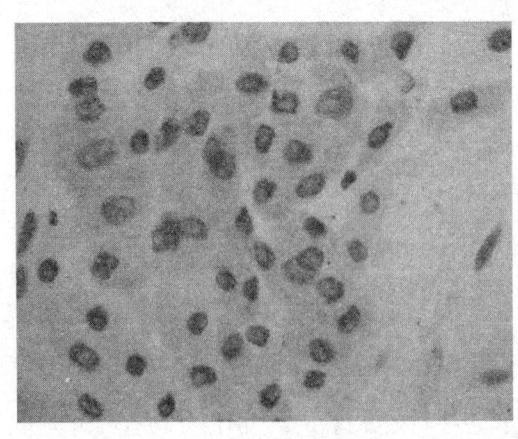

DNA 指纹

1984 年英国莱斯特大学的遗传学家 Jefferys 及其合作者首次将分离的人源小卫星 DNA 用作基因探针，同人体核 DNA 的酶切片段杂交，获得了由多个位点上的等位基因组成的长度不等的杂交带图纹，这种图纹极少有两个人完全相同，故称为"DNA 指纹"，意思是它同人的指纹一样是每个人所特有的。DNA 指纹的图像

在 X 光胶片中呈一系列条纹,很像商品上的条形码。DNA 指纹图谱,开创了检测 DNA 多态性(生物的不同个体或不同种群在 DNA 结构上存在着差异)的多种多样的手段,如 RFLP(限制性内切酶酶切片段长度多态性)分析、串联重复序列分析、RAPD(随机扩增多态性 DNA)分析等等。各种分析方法均以 DNA 的多态性为基础,产生具有高度个体特异性的 DNA 指纹图谱,由于 DNA 指纹图谱具有高度的变异性和稳定的遗传性且仍按简单的孟德尔方式遗传,成为目前最具吸引力的遗传标记。

DNA 指纹具有下述特点:①高度的特异性:研究表明,两个随机个体具有相同 DNA 图形的概率仅 3×10^{-11};如果同时用两种探针进行比较,两个个体完全相同的概率小于 5×10^{-19}。全世界人口约 50 亿,即 5×10^9。因此,除非是同卵双生子女,否则几乎不可能有两个人的 DNA 指纹的图形完全相同。②稳定的遗传性:DNA 是人的遗传物质,其特征是由父母遗传的。分析发现,DNA 指纹图谱中几乎每一条带纹都能在其双亲之一的图谱中找到,这种带纹符合经典的孟德尔遗传规律,即双方的特征平均传递 50%给子代。③体细胞稳定性:同一个人的不同组织如血液、肌肉、毛发、精液等产生的 DNA 指纹图形完全一致。

1985 年 Jefferys 博士首先将 DNA 指纹技术应用于法医鉴定。1989 年该技术获美国国会批准作为正式法庭物证手段。我国警方利用 DNA 指纹技术已侦破了数千例疑难案件。DNA 指纹技术具有许多传统法医检查方法不具备的优点,如它从 4 年前的精斑、血迹样品中,仍能提取出 DNA 来作分析;如果用线粒体 DNA 检查,时间还将延长。此外千年古尸的鉴定,在俄国革命时期被处决沙皇尼古拉的遗骸以及最近在前南地区的一次意外事故中机毁人亡的已故美国商务部长布朗及其随行人员的遗骸鉴定,都采用了 DNA 指纹技术。

此外,它在人类医学中被用于个体鉴别、确定亲缘关系、医学诊断及寻找与疾病连锁的遗传标记;在动物进化学中可用于探明动物种群的起源及进化过程;在物种分类中,可用于区分不同物种,也有区分同一物种不同品系的潜力。在作物的基因定位及育种上也有非常广泛的应用。

DNA 指纹图谱法的基本操作:从生物样品中提取 DNA(DNA 一般都有部分的降解),可运用 PCR 技术扩增出高可变位点(如 VNTR 系统,串联重复的小卫星 DNA 等)或者完整的基因组 DNA,然后将扩增出的 DNA 酶切成

DNA 片断，经琼脂糖凝胶电泳，按分子量大小分离后，转移至尼龙滤膜上，然后将已标记的小卫星 DNA 探针与膜上具有互补碱基序列的 DNA 片断杂交，用放射自显影便可获得 DNA 指纹图谱。

琼脂糖凝胶电泳是分离、鉴定和纯化 DNA 片断的常规方法。利用低浓度的荧光嵌入染料——溴化乙啶进行染色，可确定 DNA 在凝胶中的位置。如有必要，还可以从凝胶中回收 DNA 条带，用于各种克隆操作。琼脂糖凝胶的分辨能力要比聚丙烯酰胺凝胶低，但其分离范围较广。用各种浓度的琼脂糖凝胶可以分离长度为 200 bp 至近 50 kbp 的 DNA。长度 100 kb 或更大的 DNA，可以通过电场方向呈周期性变化的脉冲电场凝胶电泳进行分离。

在基因工程的常规操作中，琼脂糖凝胶电泳应用最为广泛。它通常采用水平电泳装置，在强度和方向恒定的电场下进行电泳。DNA 分子在凝胶缓冲液（一般为碱性）中带负电荷，在电场中由负极向正极迁移。DNA 分子迁移的速率受分子大小、构象、电场强度和方向、碱基组成、温度及嵌入染料等因素的影响。

细胞融合技术

在自发或人工诱导下，两个不同基因型的细胞或原生质体融合形成一个杂种细胞。基本过程包括细胞融合形成异核体、异核体通过细胞有丝分裂进行核融合、最终形成单核的杂种细胞。有性繁殖时发生的精卵结合是正常的细胞融合，即由两个配子融合形成一个新的二倍体。

自发的动物细胞融合概率很低，1962 年 Okada 和 Tadokoro 发现灭活的仙台病毒有促进细胞融合的作用。这是由于病毒的磷脂外衣与动物细胞的膜十分相似的缘故。病毒外壳上的某些糖蛋白可能还有促进细胞融合的功能。此外，用聚乙二醇作为细胞融合剂，它可引起邻近的细胞膜的粘合，继而使细胞融合成为一个细胞。

细胞融合，即在自然条件下或用人工方法（生物的、物理的、化学的）使两个或两个以上的细胞合并形成一个细胞的过程。人工诱导的细胞融合，在 20 世纪 60 年代作为一门新兴技术而发展起来。由于它不仅能产生同种细胞融合，也能产生种间细胞的融合，因此细胞融合技术目前被广泛应用于细胞生物学和医学研究的各个领域。

细胞融合的诱导物种类很多，常用的主要诱导物有灭活的仙台病毒、化学法如用聚乙二醇和物理法如电脉冲。目前应用最广泛的是聚乙二醇，因为它易得、简便且融合效果稳定。PEG 的促融机制尚不完全清楚，它可能引起细胞膜中磷脂的酰键及极性基团发生结构重排。动植物细胞融合方法不同，生物法利用灭活仙台病毒是动物细胞融合所特有的。

自发条件下或人工诱导下，两个不同基因型的细胞或原生质体融合形成一个杂种细胞。基本过程包括细胞融合导致异核体的形成，异核体通过细胞有丝分裂导致核的融合，形成单核的杂种细胞。有性生殖时发生正常的细胞融合，即由两个配子融合成一个合子。

人、鼠细胞融合实验分三步进行：首先，用荧光染料标记抗体。将小鼠的抗体与发绿色荧光的荧光素结合，人的抗体与发红色荧光的罗丹明结合；第二步是将小鼠细胞和人细胞在灭活的仙台病毒的诱导下进行融合；最后一步将标记的抗体加入到融合的人、鼠细胞中，让这些标记抗体同融合细胞膜上相应的抗原结合。开始，融合的细胞一半是红色，一半是绿色。在 37 ℃下 40 分钟后，两种颜色的荧光在融合的杂种细胞表面呈均匀分布，这说明抗原蛋白在膜平面内经扩散运动而重新分布，这种过程不需要 ATP。如果将对照实验的融合细胞置于低温（1 ℃）下培育，则抗原蛋白基本停止运动。这一实验结果令人信服地证明了膜整合蛋白的侧向扩散运动。

通过培养和诱导，两个或多个细胞合并成一个双核或多核细胞的过程称为细胞融合或细胞杂交。

基因型相同的细胞融合成的杂交细胞称为同核体；来自不同基因型的杂交细胞则称为异核体。

同种细胞在培养时两个靠在一起的细胞自发合并，称自发融合；异种间的细胞必须经诱导剂处理才能融合，称诱发融合。

诱导细胞融合的方法有 3 种：生物方法（病毒）、化学方法（聚乙二醇 PEG）、物理方法（电击和激光）。某些病毒如仙台病毒、副流感病毒和新城鸡瘟病毒的被膜中有融合蛋白，可介导病毒同宿主细胞融合，也可介导细胞与细胞的融合，因此可以用紫外线灭活的此类病毒诱导细胞融合。化学和物理方法可造成膜脂分子排列的改变，去掉作用因素之后，质膜恢复原有的有序结构，在恢复过程中便可诱导相接触的细胞发生融合。

细胞融合不仅可用于基础研究，而且还有重要的应用价值，在植物育种方面已经成功的有萝卜+甘蓝、粉蓝烟草+郎氏烟草、番茄+马铃薯等等。

生物膜技术

随着城市化进程的加快和城镇人口的不断增长，以生活污水为主的城市污水已成为水环境的主要污染源，日益加剧我国湖泊的富营养化和水环境的恶化，直接威胁着人民群众的饮用水安全和城市经济的可持续发展。近年来，受技术和工艺条件限制，我国城市污水处理投资大，成本高，处理率低，效果不尽如人意。

资料显示，目前我国城市污水处理率仅为20%，大量城市生活污水未能实现达标排放，水环境形势严峻。

专家介绍，目前我国城市污水处理技术主要采用活性淤泥法，其技术原理是通过工程化处理，利用淤泥中的活性成分（主要是指各种微生物成分）降解造成水污染的磷、氮以及藻类等营养元素，从而达到自然净水的目的。国内通用的活性淤泥法主要包括 A/O 法、A2/O 法、氧化沟法、SBR 法等几种模式，但由于存在成本高、处理不彻底和容易造成对环境的"二次污染"问题，既不经济，处理效果也不理想。

生物膜技术是近年发展起来的一项新技术，其原理是利用现代生物工程技术，针对水体污染物成分，高密度培养发酵不同功能的活性菌，按比例混合制成制剂，形成生物膜（也称"生物带"），直接投放到被污染的水体中，对富营养元素进行分解转化，实现净水目的。与欧美、日本等国家相比，目前我国的生物膜技术主要应用于水产养殖业，并已创造出巨大的经济效益，初步显示了在水处理领域的应用前景。

专家介绍，与传统的活性淤泥法相比，生物膜技术应用于城市污水处理具有五大明显的技术优势：

1. 投资省。目前国内的城市污水处理厂基础建设投资大，需要大量的机械设备、管网和其他工程设施，投资成本每吨污水处理在 1000 元左右；而应用生物膜技术投资设备少，占地小，处理每吨污水不到 500 元，相比节约成本 50% 以上。

2. 运行费用低。据测算，目前国内城市污水处理厂的直接运行成本，一般在每天处理每吨污水 0.5~0.8 元之间；而应用生物膜技术处理污水每天每吨只需 0.2 元左右。

3. 淤泥少，没有"二次污染"。采用传统的活性淤泥法处理城市污水，常由于大量淤泥的堆放造成对环境的"二次污染"；而同比条件下制成生物膜的微生物菌一旦把污水净化后，便会由于缺乏"营养"而自动消亡，不会造成"二次污染"。

4. 效率高。由于生物膜比表面积大，微生物菌密度高，每克制剂的微生物菌含量达 50~200 亿个，大大高于淤泥中的自然微生物活性成分，同时还可以多次投放，方便快捷，处理效果明显优于传统的活性淤泥法。采用生物膜技术，不仅能够有效治理湖泊的富营养化，而且有助于修复和强化湖泊生态功能，提高水体自净能力。

5. 适合城市生活小区等小规模、有机负荷不高的污水处理。由于投资省，运行费用低，并可节省管网建设成本，应用生物膜技术处理城市生活小区等城市污水具有活性淤泥法不可比拟的优势。

目前，华中农业大学微生物国家重点实验室已成功研发出这一新技术，湖北科亮生物工程有限公司通过将这一技术工艺化，已在国内率先实现了在城市污水处理项目上的应用，取得了突出成效，吸引了国内许多新建和改建污水处理厂的单位前来考察，签订意向合同达 2 亿元以上。

身手不凡的液膜

新开凿好的油井，过去常常会遇到井喷火灾事故，这是很令人头疼的一件事。不过这已经成为过去，因为现在有了一种神奇的液膜，人们只要穿着石棉服，手提液膜罐，迅速将液膜倒进井里，过不久，井喷就被制服了。

什么是液膜呢？你一定知道肥皂泡沫吧，它就是最常见的液膜，它的分子一端亲水，一端亲油，在水中遇到油，亲油的一端向油，亲水的一端向外，就成为包围着油的泡沫。这种液膜不稳定，一吹就破。

扑灭井喷的液膜与肥皂泡沫类似，不同的是，它是一种包结有膨润土的液膜，也就是说，在制造这种液膜时，加进了一些固体颗粒膨润土，这样形成的液膜里面就包结有固体物质膨润土。当这种液膜进入井内时，由于井内的温度和压力都比地面高，在高温高压的作用下，它就会很快破裂，膨润土随即分散开来，遇到地下水时，立即膨胀，而且粘性增加，并把井管通道堵塞，这样气体和油液被封闭起来，于是大火就灭了。

人们使用液膜技术来使油井增产。在美国，用高压泵将包结了盐酸的液膜掺和砂子和水，打进地下。在高温高压的作用下，液膜破裂，盐酸流出，同碱性土壤起化学反应，生成溶于水的盐类，土壤形成裂缝，而砂子则掺入缝隙起支撑作用。于是，较远地方的石油可以经过这条砂子通道，源源流向井管，使油井增产两成左右。

人们利用液膜技术来生产铀，成本比用萃取法要低一半左右，而且贫矿中夹杂的微量铀也能被提炼出来。比如磷矿中夹杂的铀，常常在生成磷酸时被白白地抛弃。人们将包结有氢离子和 2 价铁离子的液膜放进磷酸中，磷酸内的铀离子就会渗进液膜内，同氢离子和铁离子起反应，生成 4 价的铀化合物，然后把液膜滤出来，铀就可提炼出来。

工厂排出的污水中，含有镉、汞、铬等金属，如果利用各种液膜技术进行处理，就可以回收贵重金属，还可以减少污染。这类液膜技术成本低廉，操作方便，效益显著，是环境保护技术中的一颗"新星"。

克隆技术

克隆，是英语"clone"一词的译音。作名词使用时，表示从一个共同祖先天性繁殖下来的一群遗传上一致的 DNA 分子、细胞或个体所组成的生命群体。作动词使用时，是指这种无性繁殖的过程。

克隆是指生物体通过体细胞进行的无性繁殖以及由无性繁殖形成的基因型完全相同的后代个体组成的种群。通常是利用生物技术由无性生殖产生与

生物化学在各行业的应用

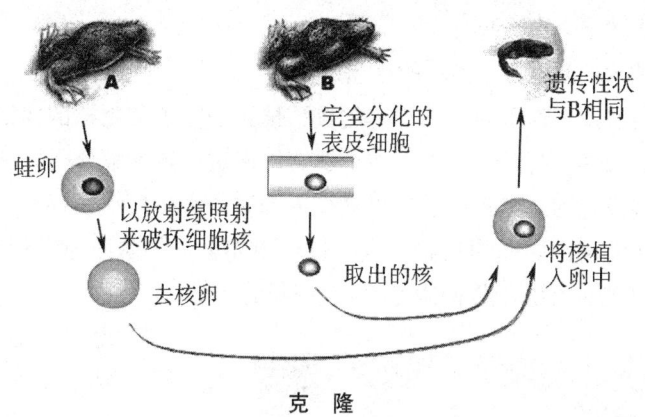

克 隆

原个体有完全相同基因组织后代的过程。科学家把人工遗传操作动物繁殖的过程叫克隆，这门生物技术叫克隆技术，其本身的含义是无性繁殖，即由同一个祖先细胞分裂繁殖而形成的纯细胞系，该细胞系中每个细胞的基因彼此相同。

　　克隆也可以理解为复制、拷贝，就是从原型中产生出同样的复制品，它的外表及遗传基因与原型完全相同。时至今日，"克隆"的含义已不仅仅是"无性繁殖"，凡是来自同一个祖先，无性繁殖出的一群个体，也叫"克隆"。这种来自同一个祖先的无性繁殖的后代群体也叫"无性繁殖系"，简称无性系。简单讲就是一种人工诱导的无性繁殖方式。但克隆与无性繁殖是不同的。无性繁殖是指不经过雌雄两性生殖细胞的结合，只由一个生物体产生后代的生殖方式，常见的有孢子生殖、出芽生殖和分裂生殖。由植物的根、茎、叶等经过压条或嫁接等方式产生新个体也叫无性繁殖。绵羊、猴子和牛等动物没有人工操作是不能进行无性繁殖的。克隆羊多利也是克隆的产物。关于克隆的设想，我国明代的大作家吴承恩已有精彩的描述——孙悟空经常在紧要关头拔一把猴毛变出一大群猴子，这当然是神话，但用今天的科学名词来讲就是孙悟空能迅速地克隆自己。从理论上讲，猴子毛含全部脱氧核糖核酸序列，也就是可以克隆，但是事实上，我们的技术没有先进到这样的地步。

　　另外一种克隆方法是提取两个或多个人的基因细胞进行组合形成胚胎，出生后的克隆人将有提供基因的几个人的特征，就像游戏（终极刺客代号47）里面的克隆人47\17号一样，主角杀手47是一个克隆人，他的基因来源于5个人的组合在一起。

克隆技术的基本过程简单的描述是：

先将含有遗传物质的供体细胞的核移植到去除了细胞核的卵细胞中，利用微电流刺激等使两者融合为一体，然后促使这一新细胞分裂繁殖发育成胚胎，当胚胎发育到一定程度后，再被植入动物子宫中使动物怀孕，便可产下与提供细胞者基因相同的动物。这一过程中如果对供体细胞进行基因改造，那么无性繁殖的动物后代基因就会发生相同的变化。

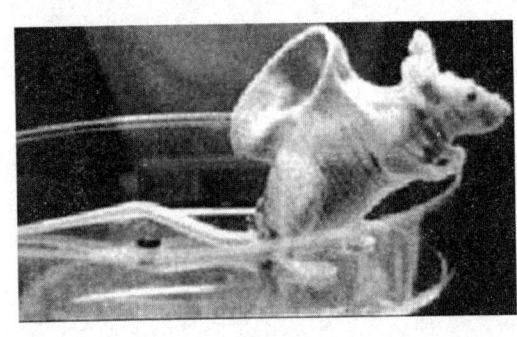

克隆鼠

克隆技术不需要雌雄交配，不需要精子和卵子的结合，只需从动物身上提取一个单细胞，用人工的方法将其培养成胚胎，再将胚胎植入雌性动物体内，就可孕育出新的个体。这种以单细胞培养出来的克隆动物，具有与单细胞供体完全相同的特征，是单细胞供体的"复制品"。英国英格兰科学家和美国俄勒冈科学家先后培养出了"克隆羊"和"克隆猴"。克隆技术的成功，被人们称为"历史性的事件，科学的创举"。有人甚至认为，克隆技术可以同当年原子弹的问世相提并论。

克隆羊"多利"的诞生在全世界掀起了克隆研究热潮，随后，有关克隆动物的报道接连不断。1997年3月，即"多利"诞生后近1个月的时间里，美国、中国台湾和澳大利亚科学家分别发表了他们成功克隆猴子、猪和牛的消息。不过，他们都是采用胚胎细胞进行克隆，其意义不能与"多利"相比。同年7月，罗斯林研究所和PPL公司宣布，用基因改造，克隆出世界上第一头带有人类基因的转基因绵羊"波莉"（Polly）。这一成果显示了克隆技术在培育转基因动物方面的巨大应用价值。

1998年7月，美国夏威夷大学Wakayama等报道，由小鼠卵丘细胞克隆了27只成活小鼠，其中7只是由克隆小鼠再次克隆的后代，这是继"多利"以后的第二批哺乳动物体细胞核移植后代。此外，Wakayama等人采用了与"多利"

生物化学在各行业的应用

不同的、新的、相对简单的且成功率较高的克隆技术,这一技术以该大学所在地而命名为"檀香山技术"。

此后,美国、法国、荷兰和韩国等国科学家也相继报道了体细胞克隆牛成功的消息;日本科学家的研究热情尤为惊人,1998年7月至1999年4月,东京农业大学、近畿大学、家畜改良事业团、地方(石川县、大分县和鹿儿岛县等)家畜试验场以及民间企业(如日本最大的奶商品公司雪印乳业等)纷纷报道了他们采用牛耳部、臀部肌肉、卵丘细胞以及初乳中提取的乳腺细胞克隆牛的成果。至

克隆猴子

1999年底,全世界已有6种类型细胞——胎儿成纤维细胞、乳腺细胞、卵丘细胞、输卵管子宫上皮细胞、肌肉细胞和耳部皮肤细胞的体细胞克隆后代成功诞生。

2000年6月,中国西北农林科技大学利用成年山羊体细胞克隆出两只"克隆羊",但其中一只因呼吸系统发育不良而早夭。据介绍,所采用的克隆技术为该研究组自己研究所得,与克隆"多利"的技术完全不同,这表明我国科学家也掌握了体细胞克隆的尖端技术。

在不同种间进行细胞核移植实验也取得了一些可喜成果,1998年1月,美国科学家以牛的卵子为受体成功克隆出猪、牛、羊、鼠和猕猴5种哺乳动物的胚胎。这一研究结果表明,某个物种的未受精卵可以同取自多种动物的成熟细胞核相结合。虽然这些胚胎都流产了,但它对异种克隆的可能性做了有益的尝试。1999年,美国科学家用牛卵子克隆出珍稀动物盘羊的胚胎;我国科学家也用兔卵子克隆了大熊猫的早期胚胎,这些成果说明克隆技术有可能成为保护和拯救濒危动物的一条新途径。

生物化学漫谈
SHENGWU HUAXUE MANTAN

　　生物化学是通过研究生物体的化学组成、代谢、营养、酶功能、遗传信息传递、生物膜、细胞结构及分子病等阐明生命现象。所涉及的往往是生物体分子结构与功能、物质代谢与调节以及遗传信息传递的分子基础与调控规律等微观问题，似乎与我们的日常生活相距很远，其实生化问题与我们的生活息息相关。

　　日常生活中的许多现象，如果用生物化学知识来进行解释往往可以获得深入本质的圆满答案，如为什么近亲不宜婚配、鱼为什么比肉容易变坏，等等。

　　了解和掌握一些生物化学知识，对于我们透过事物的现象看本质，提高我们的洞察力和认识水平显然是有帮助的，从而使我们趋利避害更美好更健康地生活与工作。

生命起源的化学历程

　　环顾广阔的自然界，我们到处都可以发现生命的踪迹，察觉到生命的活动。具有生命的有机体尽管多种多样、千差万别，但它们都有生、有死，都能在成熟之后，采取一定的方式繁殖后代。地球上的各种生物都是"远亲近戚"，都是从一些最简单、最原始的生命类型逐渐演变而来的。那么，地球上最初的生命又是怎样诞生的呢？

对于生命起源的问题，从古代到17世纪一直盛行着"自然发生"的观点。这一观点根据简单的观察，认为生命是从非生命物质中快速而直接地产生出来的，如从汗水中产生虱子，从腐肉中生出蛆，从潮湿的土壤中长出蛙等。直到17世纪初，范·赫耳蒙特还开出了制造老鼠的处方：把小麦和被汗水污湿的衬衣都放进容器进行发酵，经过21天就会长出活的老鼠。到了17世纪中叶，人们开始用实验的方法探讨生命起源的问题。1669年，意大利医生弗朗西斯科·雷第首先用实验证明肉本身并不会生出蛆，只有当蝇卵落在肉上才会长出蛆来，否定了"腐肉生蛆"的观点。19世纪，巴斯德做了一个经典的实验：将肉汤煮沸后不封闭管口，使空气通过一段由水蒸气凝结成水液的曲颈而进入烧瓶，空气中的微生物则不能进入烧瓶，这种烧瓶中的肉汤过了几个月仍然很清洁，而在没有曲颈的烧瓶内，肉汤在几小时内就腐败了。

实验表明：液体的腐败是由于微生物的活动而引起的，如果有机浸液未被环境中的微生物所污染，就不会生出任何生命来。

那么，生命是从何而来的呢？

《旧约全书·创世纪》第一章中记载着：起初，上帝创造天地。地是空虚混沌，渊面黑暗，上帝的灵运行在水面上。上帝说，要有光，就有了光。上帝称光为昼，称暗为夜，这是第一日。上帝说诸水之间要有空气，将水分为上下。于是就造出空气，上帝称空气为天，是第二日。上帝说天下的水要聚在一处，使旱地露出来。上帝称旱地为地，称水的聚处为海。上帝说地要发生青草和结种子的菜蔬，并结果子的树木，各从其类。于是地发生了青草和结种子的菜蔬，并结果子的树林，各从其类，是第三日。上帝说天上要有光体，可以分昼夜、作记号、定节令、日子、年岁，并要发光在天空，普照在地上。于是上帝造了两个大光，大的管昼，小的管夜，又造众星，摆列在天空上，普照在地上管理昼夜，分辨明暗，是第四日。上帝说水要多多滋生有生命的物，要有雀鸟飞在地面以上，天空之中。上帝就造出大鱼和水中所滋生的各样有生命的动物，又造出各种飞鸟，是第五日。上帝说地上生出活物来，牲畜、昆虫、野兽、各从其类，上帝还说，我们要照着我们的形象造人，使他们管理海里的鱼、空中的鸟、地上的牲畜和土地以及地上所爬的一切昆虫。于是上帝照着他的形象造男造女，并赐福给他们。到第六日，天地万物都造齐了。到第七日，上帝造物的工作已经完毕。

天、地、万物，乃至生命，真是由上帝在短短的6天里造就的吗？

天文学、地球化学、地球物理学、地质学、宇宙考察等方面的资料告诉我们：我们现在的太阳系——太阳、地球以及太阳系的其他行星都是由同一个宇宙尘埃云、同样一些物质形成的。地球诞生的年代大约是距今46亿年前。当时，固体尘埃聚集结合成为地球的内核，外面围绕着大量的气体，绝大部分是氢和氦。此后，由于物质集合收缩及内部放射性物质产生的大量热能，使地球的温度不断升高，大气中气体分子运动速度增大，一些分子量较小的气体终于摆脱地球的引力，不断地逸到宇宙中去。同时，强烈的太阳风也把地球外围的气体分子（如氢、氦）吹开而消失到宇宙深处。因此，在地球的历史上，虽然最初有很多的大气，但此后有一段时期，其大气层几乎完全消失了。直到地球表面温度逐渐下降以后，才重新产生大气层。

地球内部的高温使物质分解产生大量的气体，冲破地表释放出来。据推测，其中有二氧化碳（CO_2）、甲烷（CH_4）、水蒸气（H_2O）、硫化氢（H_2S）、氨（NH_3）、氰化氢（HCN）等。这些新产生的气体离开地表以后，很快冷却，保留在地球的外围逐渐形成一个新的大气层。这是地球第二次形成大气层，是还原性的。另外，在强烈的紫外线作用下，有少量水蒸气分子被分解为氢分子和氧分子。氢分子因质量小而浮到大气层最高处，大部分逐渐消失到宇宙空间；氧分子则跟地面一些岩石结合为氧化物。因此，当时的大气层中不存在游离的氧。这跟以后地球上产生生命有很大的关系。

当地球表面温度下降的同时，由于内部温度仍很高，所以火山活动仍很频繁，火山爆发喷出大量的气体（包括水蒸气），另一方面，由于地壳不断发生变动，有些地方隆起成高原或山峰，有些地方收缩下降而成低地和山谷。大气层中的水蒸气很快达到饱和，冷却而成为雨水降落到地面上来，凝集在一些低凹的地方，逐渐积累形成湖泊、河流，最后汇集在地面上最低的区域，形成最初的海洋——原始海洋。

没有游离氧存在的、具还原性的原始大气和原始海洋为原始生命的形成和发展提供了条件。1876年恩格斯提出了"化学起源说"，指出：生命的起源必然是通过化学的途径实现的。实际上，当雨水把大气中的一些生成物降到原始海洋后，原始海洋就成了生命化学演化的中心。

生命起源的化学进化过程经历了约十几亿年的时间，直到约32亿年前才出现了最古老的微生物。这一进化过程经历了如下几个主要阶段：

1. 由无机物生成有机小分子在原始地球的条件下，当时地球原始大气中的小分子无机物（如 NH_3、H_2O、H_2S、H_2、HCN、CH_4 等）由于地球引力而逐渐增加密度，在自然界中的宇宙射线、紫外线、闪电等的作用下，就可能自然合成出氨基酸、核苷酸、单糖等一系列比较简单的有机小分子物质，完成了化学进化的第一阶段。这些有机小分子通过雨水的作用，流经湖泊和河流，最终汇集到原始海洋中。

2. 由有机小分子物质形成有机高分子物质。氨基酸、核苷酸的出现为有机高分子物质的产生奠定了基础。在当时的条件下，多种因素共同作用，使许多氨基酸单体脱水缩合而成蛋白质长链，许多核苷酸单体脱水缩合而成核酸长链。蛋白质、核酸是生命体不可缺少的基本成分。因此，有机高分子物质的出现标志着化学进化过程中的一次重大飞跃。

3. 由有机高分子物质组成多分子体系在这一阶段，蛋白质、核酸、多糖、类脂等有机高分子物质在原始海洋中不断积累，浓度不断升高。通过水分的蒸发、黏土的吸附作用等过程，这些有机高分子物质逐渐浓缩而分离出来，它们相互作用凝聚成小滴。这些小滴漂浮在原始海洋中，外面包有原始的界膜，与周围的原始海洋环境分隔开，构成一个独立的体系——多分子体系。这种体系能够与外界环境进行原始的物质交换活力，显示出某些生命现象。因此，多分子体系是原始生命的萌芽。

4. 由多分子体系发展为原始生命。从多分子体系演变为原始生命，这是生命起源过程中最复杂、最有决定意义的阶段。有些多分子体系经过长期的演变，特别是由于蛋白质和核酸这两大类物质的相互作用，终于形成具有原始新陈代谢作用和能够进行繁殖的原始生命。

最初的原始生命是在极其漫长的时间内，由非生命物质经过极其复杂的化学过程逐步演变而成的。原始生命形成以后，就进入了生物进化阶段。应该强调的是：蛋白质和核酸是生命体内最基本、最重要的物质。没有蛋白质和核酸，就没有生命。

游离氧

游离氧是自由基。处在游离状态下的氧,周围需有一个化学氛围,才能算是游离氧。游离氧有较强的氧化作用,可以有效杀死多数有害细菌,其实这也是双氧水的消毒原理。

大气圈物通过光合作用能够吸收二氧化碳,释放出游离氧,从而把还原大气变成氧化大气,使第二代大气的成分发生重要变化。当大气中游离氧达到现代大气氧的1%的时候,就可能出现有效的臭氧层。它对太阳紫外线起屏障作用,可保护地球上生命免遭紫外线伤害。游离氧是生物发展的产物,反过来又促进生物界的发展。

食品上常用的脱氧剂也称游离氧吸收剂,它是一种能够吸收氧的物质,在食品密封包装时放入,能除去包装内的氧化物质,除去包装容器中游离氧和溶存氧,防止食品由于氧化而发霉、变质。

会"自杀"的基因种子

门撒特公司是世界上最领先的生物技术公司之一,其研制的基因种子在世界上享有很高的声誉。该公司曾发明了多种具有"内毒素"的作物种子,这种毒素对人体无害,但对昆虫却是致命的,庄稼因此可以避免害虫的侵袭。如今,为了让农民每年都必须从该公司购买种子,门撒特公司的研究人员别出心裁,居然利用基因技术研制出一种具有"记忆性"新特征的种子:会自杀的种子。

所谓"会自杀"的种子长成的庄稼成熟时,其种子不能用于再种植,如同人类患有不育症一样。这样,在下一个生长季里,农民便不能用自己的种子进行播种,他们若想种同样的庄稼,必须重新向门撒特公司购买种子。

利用基因技术研制会自杀的种子,其原理是这样的:首先从其他不育的庄稼中"剪切"到会导致不育的蛋白基因 DNA 序列,再将该 DNA 序列组合"拷贝"到待出售的商业种子的基因组中。同时,研究人员还插入了两段编码序列，它们能使导致不育的蛋白基因处于休眠状态，直至庄稼发育成熟为止。

这种导致不育的蛋白基因，只影响种子而不会影响植株本身。但由于公司要生产足够的种子出售，研究人员另外还需插入一段阻断 DNA 序列、用以抑制导致不育的蛋白基因发作。一旦他们得到全部所需种子，就将种子浸泡在一种特殊的溶液里，诱发种子产生一种酶来破坏阻断 DNA，以中和这种基因抑制，令它们不再起作用。而当由这种经处理过的种子长成的庄稼成熟时，毒蛋白基因就会发生作用，杀死新结出的种子，使农民无法利用这些种子进行再播种。

对于这一技术是否该投入使用，尚有许多争议。反对的意见中，有的人认为这种"不育症"有可能传染给自然界中的其他生物，使它们也不育，也有的人认为，这一技术分明在损害农民的利益。

克隆羊多利的生与死

这些新的个体具备双亲的遗传特性。但"多利"并不是由受精卵发育而成的，而是利用生物技术无性繁殖方式诞生的小羊，它是一只没有爸爸的小羊，所以人们叫它"克隆羊"。

"多利"生于 1996 年 7 月 5 日，于 1997 年 2 月 23 日被介绍给公众。

1998 年产下一只小羊，2003 年 2 月 14 日因肺部感染而实施了安乐死，它也被作为世界上最尊贵、最重要、最具有代表性的一只羊而载入史册。

"多利"是由 3 只母羊的基因克隆的。

1996 年 7 月 5 日，位于苏格兰爱丁堡市郊的罗斯林研究所里诞生了一头大个头儿羊羔，实验室编号为 6LL3，克隆羊项目小组主管伊恩·威尔默特以著名乡村歌手多利·帕顿的名字命名这头羊。"多利"日后成为世界最著名的绵羊，而它曾经的编号却鲜为人知。小羊"多利"浑身洁白，长着细长的弯弯曲曲的羊毛，粉扑扑的鼻子，右耳上系着一个红色小身份牌。7 个月大的它尽管已具有成年羊的轮廓，但仍然很顽皮，活泼地在羊圈里蹦来蹦去，从饲养员手中抢东西吃。也许是近几天见了世面的缘故，见到记者向它招手它并不害怕，却从金属栅栏里探出头来好奇地看着。它歪着头，嘴巴略微张开，嘴角向上翘起，仿佛微笑着故意摆出大明星的派头等待记者拍照。培育"多利"羊的罗斯林研究所副所长格里芬说："小羊'多利'并不知道自己与众不同的身份，它像其他小羊一样吃草、睡觉和玩耍。几个月前还在生育自己的母亲面前撒欢。尽管目前它已重达45千克，但从年龄上讲它还是只小羊。"

"多利"于1997年首次公开亮相，震动整个世界，美国《科学》杂志把"多利"的诞生评为当年世界十大科技进步的第一项。

"多利"的诞生，意味着人类可以利用动物的一个组织细胞，像翻录磁带或复印文件一样，大量生产出相同的生命体，这无疑是基因工程研究领域的一大突破。

克隆羊"多利"

人们剪下植物枝条，扦插到土里，不久就会发芽，长出新的植株，这些植株是遗传物质组成完全相同的植株，这就是"克隆"。还有将马铃薯等植物的块茎切成许多小块进行繁殖，由此而长出的后代也是"克隆"。所有这些都是植物的无性繁殖或称为"克隆"，它非常普遍，几乎每个人都曾见过。

在动物界也有无性繁殖，不过多见于非脊椎动物，如原生动物的分裂繁殖、尾索类动物的出芽生殖等。但对于高级动物，在自然条件下，一般只能进行有性繁殖，所以要使其进行无性繁殖，科学家必须经过一系列复杂的操作程序。在20世纪50年代，科学家成功地无性繁殖出一种两栖动物——非洲爪蟾，揭开了细胞生物学的新篇章。

英国和中国等国在20世纪80年代后期先后利用胚胎细胞作为供体，"克隆"出了哺乳动物。到20世纪90年代中期，中国已用此种方法"克隆"了老鼠、兔子、山羊、牛、猪5种哺乳动物。

前不久克隆出一只基因结构与供体完全相同的小羊"多莉"（Dolly），世界舆论为之哗然。"多利"的特别之处在于它的生命的诞生没有精子的参与。研究人员先将一个绵羊卵细胞中的遗传物质吸出去，使其变成空壳，然后从一只6岁的母羊身上取出一个乳腺细胞，将其中的遗传物质注入卵细胞空壳中，这样就得到了一个含有新的遗传物质但却没有受过精的卵细胞。这一经过改造的卵细胞分裂增殖形成胚胎，再被植入另一只母羊子宫内，随着母羊的成功分娩，"多利"来到了世界。

但为什么其他克隆动物并未在世界上产生这样大的影响呢？这是因为其他克隆动物的遗传基因来自胚胎且都是用胚胎细胞进行的核移植，不能严格地说是"无性繁殖"。另一原因，胚胎细胞本身是通过有性繁殖的，其细胞核中的基因组一半来自父本，一半来自母本。而"多利"的基因组，全都来自单亲，这才是真正的无性繁殖。因此，从严格的意义上说，"多利"是世界上第一个真正克隆出来的哺乳动物。

1997年2月23日，英国苏格兰罗斯林研究所的科学家宣布，他们的研究小组利用山羊的体细胞成功地克隆出的成果是科学发展的结果，它有着极其广泛的应用前景。在园艺业和畜牧业中，克隆技术是选育遗传性质稳定的品种的理想手段，通过它可以培育出优质的果树和良种家畜。在医学领域，目前美国、瑞士等国家已能利用"克隆"技术培植人体皮肤进行植皮手术。这一新成就避免了异体植皮可能出现的排异反应，给病人带来了福音。据中国新华社1997年4月4日报道，上海市第九人民医院整形外科专家曹谊林在世界上首次采用体外细胞繁殖的方法，成功地在白鼠身上复制出人耳，为人体缺失器官的修复和重建带来希望。克隆技术还可用来大量繁殖许多有价值的基因，如治疗糖尿病的胰岛素、有希望使侏儒症患者重新长高的生长激素和能抗多种疾病感染的干扰素等等。

细胞核转移技术虽然取得突破，但培育合成卵细胞的失败率极高，即使培育成胚胎，许多都存在缺陷或者降生后早亡。2003年2月，不到7岁的"多利"因肺部感染而被科研人员实施"安乐死"。而普通绵羊通常可存活11~12年。

这项研究不仅对胚胎学、发育遗传学、医学有重大意义，而且也有巨大的经济潜力。克隆技术可以用于器官移植，造福人类；也可以通过这项技术改良物种，给畜牧业带来好处。克隆技术若与转基因技术相结合，可大批量

"复制"含有可产生药物原料的转基因动物，从而使克隆技术更好地为人类服务。目前，世界第一批无性繁殖的转基因羊也在英国诞生。但我国有关科学家提出应明确禁止克隆技术应用于人类，否则将产生一系列伦理学、法律学等的灾难性问题。

世界各大媒体对"多利"的去世还是给予了很大关注。2003年2月15日出版的美国《华盛顿邮报》、《纽约时报》等纷纷以缅怀明星的笔触，追述"多利"短暂而不平凡的一生。《华盛顿邮报》在报道中指出，作为世界上最尊贵的一只羊，"多利"刷新了科学界对分子生物学的认识，将会作为一座科学和文化的里程碑载入史册。

作为世界上最尊贵的一只羊，壮年早逝的"多利"留下诸多难题，它的终年到底是多少岁？克隆动物出现早衰这一问题至今仍有两种实验结果。

世界第一头体细胞克隆动物"多利"在给我们带来振奋、困惑和争论之后，永远离开了我们。寿命仅6岁半的"多利"壮年早逝，为我们留下了谜团，其中最大的一个谜就是克隆动物是否早衰，有人称之为"多利"羊难题。

"多利"羊带来的最大争论就是克隆人问题。人类等高等动物的两性繁殖方式是生物经过几十亿年进化的结果，是最适合人类繁殖的方式。

邪教组织雷尔教派最近宣称，从2002年末到2003年初相继培育出了3个"克隆婴儿"，顿时引起了世界一片哗然，但雷尔教派迄今还没有拿出克隆人的任何证据。目前世界上已有20多个国家明令禁止这种以克隆人类个体为目的的生殖性克隆。在联合国，由法国和德国2001年带头发起的禁止克隆人国际公约草案文本的进一步磋商将在2004年10月举行。

联合国教科文组织下属的国际细胞研究组织委员、发育生物学专家、中科院研究员孙方臻接受新华社记者采访时指出："'多利'羊的早逝说明我们需要尽快加强对克隆技术的研究，因为克隆技术在农业和医疗领域具有广阔的应用前景，在应用之前，我们应当找出问题所在，并妥善解决。另外，在目前克隆技术很不完善的情况下，盲目克隆人，既不安全，也不人道，是极不负责任的。"

在我们没有准备好之前，克隆人会让我们失去很多东西。科学家已经开始研制人造子宫技术。如果生育可以工业化，人类还叫人类吗？

在有关克隆人的争论中，一直有一个声音在说：未来诞生的克隆人，可能像当年的试管婴儿一样,最终被社会平静而宽容地接受。科学技术的进步是世界前进的原动力,它终究会推动法律、制度和社会观念的改变。20多年前对试管婴儿的怀疑和指责之声不绝于耳,而到今天,试管婴儿已被评为20世纪最重大的科技成就之一,并作为不孕症的主要治疗手段之一而被接受。

但是,克隆人不同于试管婴儿。克隆技术在动物上仍然没有成熟,世界上第一个克隆动物"多利"羊之死留下了早衰的难题,克隆动物出现的一系列健康问题有目共睹,这种技术的负面作用还没有被认识清楚。在这种情况下贸然克隆出一个有灵魂的生命,是不是负责任的呢?

当过父母的人都知道孩子健康的含义。不管把克隆人当做什么,它毕竟是一条生命,一条有自己思想和灵魂的生命。为什么我们反对近亲结婚?为什么我们反对一些疾病患者生育子女?还不是因为他们的孩子面临很大的健康风险吗?我们为什么还要让克隆人来到这个世界上,又为什么让它们质问我们:为什么要把它们带到这个世界上?

即便是将来技术上成熟了,我们能随便克隆人吗?我们能收场吗?我们能向祖先和后代交代吗?

也许将来,我们不反对在极个别情况下,经过严格法律程序,出于人道主义考虑可以克隆人,但是我们绝不能滥用克隆人技术。克隆人威胁到人类最核心的领域。克隆技术与转基因技术一样可以设计生产出所需要的生命。而且科学家已经开始研制人造子宫技术,一旦这种技术成熟,人类的繁殖将像生产汽车一样可以设计制造,可以流水化作业。如果生育可以工业化,那么家庭、父子情、母女情、爱情都失去了生理基础。人类还叫人类吗?我们会不会失控?

没有人否认科技是改变世界的根本力量,但技术的滥用就像毒品,它会让你上瘾,但最终会让你毁灭。

特别在科技日益发达的今天,其双刃剑作用越来越明显,一个小的失误就会造成巨大损失。电脑千年虫问题虽然没有普遍发作,但全世界为此投入了6000亿美元。千年虫给我们留下的教训是十分深刻的,在新世纪人类应更理性地思考科技发展方向,防止千年虫这种小失误造成大麻烦。站在新世纪的门槛上,面对诸如全球变暖、臭氧层受损、荒漠化加剧、物种灭绝、核武器的威胁等一系列世纪性难题,怎样把握以科技为核心的人类文明的发展,成为人类进入新世纪的重大课题。

技术的滥用就像毒品。它会让你上瘾，但最终会让你毁灭。我们人类已经犯下很多诸如灭绝物种等无可挽回的错误，我们不能一而再、再而三地打开"潘多拉的盒子"。我们只有一个地球，科技再发达，人类也不能违反自然规律。现有科技手段能实现的事情，如果危害社会就不能把它变成现实。比如，应禁止研制比现有核武器威力更大的武器，禁止利用转基因技术培育比艾滋病病毒危害更大的细菌和病毒，禁止随意克隆人等等。科技的发展和应用必须有益环境。

我们人类刚刚摆脱愚昧状态。因此，我们必须用星球意识看待我们的历史、现在和未来。如果从哥白尼的《天体运行论》1543年出版算起，人类开始觉醒的时间只有450多年；如果从牛顿《自然哲学的数学原理》1687年出版计算，人类第一次科技革命距今仅310多年；而爱因斯坦1905年发表相对论的第一篇论文，距今仅90多年；第一台计算机1944年才问世。人类步入现代文明的时间是如此之短，比起人类的过去和未来仅仅是沧海一粟，以至于用人类刚刚摆脱愚昧阶段描述当今世界才更为恰当。

令人欣慰的是，全世界已经开始就防止科技发展出现负面影响达成共识，这集中体现在1999年6月26日至7月1日在匈牙利召开的世界科学大会上。大会提出，为社会发展服务是科技发展目的。因此，人类必须谋求科技、经济、社会、资源和环境协调发展，使子孙后代能够永远发展下去。

企鹅的脚为何不怕冷

企鹅同其他生活在寒冷地区的鸟类一样，都已经适应了寒冷的气候，能够尽可能少地散失热量，保持自己身体主要部分温度在40℃左右。但是它们的脚却很难保暖，因为脚上既不长羽毛，也没有鲸脂一类脂肪的防护，而且还有相对来说很大的面积（寒带地区的哺乳动物也是如此，比如说北极熊）。

企鹅通过两种机制来防止脚被冻坏：

一种机制是通过改变向双脚提供血液的动脉血管的直径来调节脚内的血液流量。当寒冷时，减少脚部的血液流量；当比较温暖时，增加血液流量。

其实我们人类也有类似的机制，所以我们的手和脚在我们感到冷时会变得苍白；当觉得暖和时，则变得红润。这样一种调节机制极其复杂，由脑部的下丘脑控制，需要神经系统和各种激素的参与。

此外，企鹅在其双脚的上层还有一种"逆流热交换系统"。向脚提供温暖血液的动脉血管分叉为许多的小动脉血管，同时，

企　鹅

在脚部变冷的血液又通过与这许多动脉小血管紧挨在一起的数目相同的静脉小血管流回。这样，动脉小血管内温暖血液的热量就传递给了与之紧贴的静脉小血管内的逆流冷血，结果，真正带到脚部的热量其实是很少的。

在冬季，企鹅脚部的温度仅保持在冰点温度以上 1～2 ℃，这样就最大限度地减少了热量散失，同时也防止了脚被冻伤。鸭子和鹅的脚也有类似的结构，但是，若把它们圈在温暖的室内饲养，过几个星期再把它们放回冰天雪地里，那么它们双脚贴地的一面就会被冻坏。这是因为它们的生理活动已经适应了温暖的环境，通向脚部的血流实际上已经被切断，此时再回到寒冷环境，脚部的温度就会下降到冰点以下。

企鹅的脚不会冻坏之谜，可以从生物化学的角度来加以部分说明的，而且很有意思。

氧与生物体内的血红蛋白结合，通常是一种强烈的放热反应。一个血红蛋白分子吸收和添加氧原子，要释放出大量的热量（DH）。在相反的逆反应中，当血红蛋白分子释放出氧原子时，通常会吸收同等数量的热量。然而，氧化反应和脱氧反应发生在生物体的不同部分，也就是说发生两种反应所在的分子环境不同（比如说酸度不同），整个过程的结果，则是热量的散失或增加。

这 DH 的实际数值，可以因物种的不同相差很大。具体到南极企鹅的情形，在包括脚在内的外围冷组织中，DH 值要比人类小得多。这就带来两个好处：

首先，在进行脱氧反应时，企鹅的血红蛋白所吸收的热量大为减少，于

是，它的双脚就不容易冻坏。

第二个好处来自热力学定律。根据热力学定律，任何一种可逆反应，包括血红蛋白的氧化反应和脱氧反应，较低的温度有利于进行放热反应，而不利于反方向进行的吸热反应。因此，在低温下，对于大多数物种，都是吸收氧的反应进行得比较激烈，而不容易进行释放氧的反应。一个物种所具有的 DH 如果相对来说不高不低正合适，那么这就意味着在冷组织中血红蛋白对氧的亲和力不会变高到使氧无法从血红蛋白脱离出来。

DH 因物种而异还带来一个非常有意思的结果：在某些南极的鱼类中，即使是氧脱离出来，实际上也是在释放热量。金枪鱼就是一个极端例子。在氧从血红蛋白脱离出来时居然会释放出大量的热量，以至于可以使金枪鱼的体温保持在比环境温度高出 17 ℃。原来，并非所有鱼类都是冷血动物！

在动物中也有相反的例子，必须要减少由于代谢过于旺盛释放的热量。那种具有迁徙特性的水鸡（又叫"秧鸡"），它的血红蛋白氧化时释放的 DH 比温驯的鸽子要高很多。因此，水鸡进行长距离飞行时，当血红蛋白分子释放出氧原子时会吸收大量热量，体温也不会太高。

最后要说的是，胎儿也需要以某种方式散失热量。胎儿与外界的惟一联系是母亲向其提供的血液。胎儿血红蛋白氧化时的 DH 值比母亲血红蛋白的 DH 值低，结果，氧脱离母亲血液时所吸收的热量就会多于氧与胎儿的血红蛋白结合时所释放的热量。于是，便有热量转移至母亲的血液。也就是说，胎儿带走了一部分热量。

洗涤剂中的生物化学

什么样的洗涤剂在海水中不出"豆腐渣"？什么样的洗涤剂不用油脂做原料呢？

它们是以洗衣粉为代表的合成洗涤剂。

100 多年前，有人偶然发现蓖麻油和硫酸作用后，得到一种"土耳其红油"。用它洗衣服，在海水里照样挺好使，不会生成叫人讨厌的"豆腐渣"。这件事启发了科学家，随着石油化学工业的发展，科学家们利用炼油副产品和苯、氯气、硫酸、氢氧化钠等为原料，用人工方法合成了上百种洗涤剂。

合成洗涤剂和肥皂一样，也具有"双重性格"——既亲油又亲水。但是，它没有肥皂的缺点，在各种水中都保持良好的去污能力，而且不需要使用宝贵的油脂作为原料。如今，甚至肥皂的原料也改用由炼油副产品氧化得来的脂肪酸了，肥皂也可以改名为"合成肥皂"啦！

合成洗涤剂除了固体的洗衣粉之外，还有液体的洗洁精、洗净剂等。

有些洗涤剂中添加了荧光增白剂，可以让白颜色的衣物更洁白，花色衣服的颜色更鲜艳；还有一些无泡或少泡洗涤剂，适合在洗衣机、洗碗机里使用。

但是，洗涤剂洗不净衣服上的汗斑、奶渍和血迹。原因是，这些污渍里的蛋白质是大个的高分子，与纤维胶结得非常紧密，很难拆散。

有一种叫做碱性蛋白酶的生物催化剂，它能"消化"顽固的蛋白质污垢，将大个的蛋白质分子拆开，变成能够溶解在水里的小分子。科学家把它掺在洗涤剂里，做成"加酶洗衣粉"，让洗衣粉增添了"消化"蛋白质污垢的本领，洗起衣服来去污效果特别好。

不过，碱性蛋白酶需要适宜的温度才能大显身手。它在50℃时最活跃，"消化"蛋白质的能力最强，热到80℃以上就失效了。因此，在加酶洗衣粉的说明书上应特别标明："切忌用沸水冲溶！"

为何近亲不宜婚配

大多数人都明白这样一个道理：近亲不宜婚配，然而具体的原因许多人并不知晓。其实，只要懂得一些遗传学的知识，这个问题是不难找到答案的。先让我们来了解一下两个基本概念：显性遗传和隐性遗传。凡是显性基因控制的性状或疾病，其传递方式叫显性遗传。由显性基因控制的性状，在后代中要表现出来。凡是隐性基因控制的性状或疾病，称为隐性遗传。只有当隐性基因纯合时，它所控制的性状才能表现出来。对于这个原理，人和动植物是完全相同的。孟德尔遗传定律不仅适用于动植物，而且在人类正常性状或遗传病的传递中也同样适用。

人类有一种叫做"白化病"的疾病，由于缺乏色素，头发和汗毛都是白的，皮肤也是白的，眼珠呈淡红色。这种性状在遗传上是隐性。如果父母双方都没有白化病，而在子女中却出现了白化病，那么父母双方就一定都是白化病基因的杂合体。人类中还有一种"白痴"病患者。这些人从小智力就特别差，被称为"白痴"，也是一种隐性遗传病，其遗传规律和白化病完全相同。

人类中像白化病和"白痴"这样的遗传病种类还很多，遗传规律和这两种疾病相同：由于某一隐性基因成为纯合体，使这不良的隐性基因的作用得以表现。但是对某一个隐性基因来说，在人类中的数目毕竟不是太多，因此，必须父母两人都是这个基因的杂合体，才有可能让它在子代中表现出来。

明白了显性遗传和隐性遗传的原理后，让我们再来看看近亲为什么不宜婚配。

事实上，在古代人们从无数事实中得出结论，血缘关系很近的男女结婚，生育力往往较低，或者后代死亡率较高，或者后代中常常出现畸形或遗传疾病。所以我国春秋战国时代的典籍中就有"男女同姓，其生不蕃"的说法。在西方，罗马皇帝狄奥西多一世就曾严令禁止近亲结婚，违者判罪，甚至处死。犹太人的宗教法律中禁止43种亲戚结婚。由此可见，古人虽然不懂得遗传学规律，但是他们从多年的生活实践中确认了"近亲不宜婚配"这个事实。

从现代遗传学角度来讲，更容易说明"近亲不宜婚配"的道理。血缘比较接近的男女，例如表（堂）兄妹，比无亲戚关系的人更容易携带相同的基因，因为他们是从一个共同祖先那里接受到它的。如果一个男人（或女人）是某一不良基因的杂合体，这个不良基因可能传给他的（或她的）儿子或女儿。如果儿子又传给孙子、孙女，女儿又传给外孙、外孙女，然后表兄妹结婚，那么在他们的后代中，就有可能使隐性基因纯合而表现出相应的隐性性状。从理论上讲，表兄妹或堂兄妹携带相同基因的概率是1/8，而无亲戚关系的两个人，携带相同基因的概率要比1/8小得多。近亲结婚，倾向于把存在于杂合体的隐性基因变成纯合的，因而使它们所控制的隐性性状变成公开的。

现代遗传学表明，近亲结婚的后果十分严重。近亲结婚容易造成下一代白化病、白痴、隐性聋哑、先天性全色盲等遗传性疾病。大量研究资料表明，近亲结婚其子代遗传病的发病率比非近亲结婚子代的发病率高十几倍甚至几十倍。这是因为，在正常人之中，每个人都有可能携带五六种隐性遗传疾病基因，如果夫妻双方携带有相同的隐性遗传基因，那么他们的后代有 1/4 的可能性发病。

达尔文（C. R. Darwin）家庭的不幸，就是近亲结婚造成危害的典型例子。我们知道，一代伟人达尔文由于创立了进化论而闻名于世，事业上可谓是成就显赫，然而他的家庭却并不幸福。他的妻子埃玛是他舅父的女儿。达尔文夫妇有 3 个孩子早年夭折；另外两儿一女婚后都无子女；二儿子乔治、三儿子弗朗西斯、五儿子霍勒斯，虽然都成为著名的科学家，但是他们和他们的姐妹伊丽莎白，都患有程度不同的精神病。江苏省东台县计划生育办公室曾在 54 万人中进行了调查，近亲婚配共有 3355 对，所生育的 5227 个子女中，智力低下者有 980 人，占 18.8%，而随机婚配的子女中，智力受到影响的仅占 0.13%。前者的患病率是后者的 144.6 倍。根据国际卫生组织的统计，近亲结婚的后代中有 8.1% 患有遗传疾病。

另外，近亲结婚所生子女早死率高。据有人对聚居在云南西双版纳傣族自治州景洪县基诺族的调查显示，由于这里直到解放初期仍沿用族内婚配的婚姻制度，人口一直不蕃。如巴果塞，直至 20 世纪 50 年代，仍是一个血缘村寨，他们除兄弟姊妹以外都可以通婚，因此所生子女大多早早夭亡。又据美国一份调查报告显示：堂、表兄妹结婚的子女早死率达 22.4%。

近亲结婚，所生后代往往个子矮小。近年来，在南美洲的哥伦比亚和委内瑞拉交界处的森林里，发现了身材矮小的"尢卡斯"部落。由于他们有史以来实行近亲婚配，结果人种矮小，都不到 1 米，有的仅 0.6~0.8 米。我国西双版纳景洪县的基诺族人的身材也比较矮小，男子身高约在 1.56 米，女子约为 1.46 米。

无论是遗传定律还是严峻的事实都有力地说明近亲是不宜婚配的。

白化病

白化病是一种较常见的皮肤及其附属器官黑色素缺乏所引起的疾病，由于先天性缺乏酪氨酸酶，或酪氨酸酶功能减退，黑色素合成发生障碍所导致的遗传性白斑病。这类病人通常是全身皮肤、毛发、眼睛缺乏黑色素，因此表现为眼睛视网膜无色素，虹膜和瞳孔呈现淡粉色或淡灰，怕光，看东西时总是眯着眼睛。皮肤、眉毛、头发及其他体毛都呈白色或白里带黄。人们将这类病人俗称为"羊白头"。白化病属于家族遗传性疾病，为常染色体隐性遗传，常发生于近亲结婚的人群中。

白化病可分为两大群，一为较常见的眼睛皮肤白化病，身体不能制造黑色素。另一类为伴有异常免疫系统的白化病，包括谢迪亚克－东综合征、海－普综合征、格里塞利综合征、克罗斯综合征，这类是和黑色素及其他细胞蛋白的缺陷有关。

小孩为何易感冒

门诊中常有家长抱怨其小孩常感冒，虽然很细心地照顾小孩，但小孩就是一直感冒不愈，吃了药，症状改善了，但停药没几天，小孩子又流鼻水、咳嗽，反复的出现感冒症状，如此频繁吃药的小孩常使其父母颇为苦恼和担心。其实我们可以发现这些小孩子都有过敏的体质，并不是每次流鼻水、咳嗽症状都是感冒所引起的，只是呼吸道的过敏症状和感冒的症状很相同罢了。一般我们说感冒是身体受到病毒或细菌的感染所致，除了会流鼻水、咳嗽外通常小孩常会有喉咙痛和发烧的现象，食欲及体

可爱的小孩

力也会变差，但一个有过敏体质的小孩，并不是受到感冒病毒的感染才会有流鼻水、咳嗽的症状，像突然的温差变化，如从外面炎热的天气进到冷气房内或吸到汽车的废气，进入刚油漆的房间，早上醒来翻动棉被而吸入棉絮或灰尘，和小猫小狗玩吸到动物的毛屑，剧烈的运动等等，都可能出现打喷嚏、流鼻水、咳嗽等症状，但这些小孩的精神状况和食欲都仍很好，所以一个常

打喷嚏、流鼻水或咳嗽的小孩，应该考虑其症状并不是每次都是由感冒病毒所引起的，是不是还有其他的因素呢？

一个有过敏体质的小孩，因为致敏的因素很多，所以常会有打喷嚏、流鼻水或咳嗽等症状，因此你会抱怨小孩子常感冒，吃药都吃不好，你也会发觉你的小孩很会流汗，尤其晚上睡觉时满头大汗，皮肤瘙痒，常抓来抓去，手肘弯、膝弯的部位常会长湿疹（异位性皮肤炎），常喜欢揉眼睛，下眼皮皮肤色素沉积而形成黑眼圈。因为常常在服药，所以常会喊肚子痛（胀气），或者较严重时呼吸会有急促的现象（气喘），这些都是有过敏体质小孩的典型症状。什么是过敏体质呢？简单来说，我们身体有一套免疫系统，它会对外界和体内的环境做适当的调节，以维持身体环境的稳定性，当外界有异物（抗原）进入身体内，身体的免疫系统就开始发挥他的作用（抗体）来清除这些异物，但当体内的免疫系统太过旺盛了，本来应该保护身体的，反而对身体产生了伤害并表现出一些疾病的症状来。我们就说这些人带有过敏的体质。

当一个带有过敏体质的小孩有了咳嗽、流鼻水等症状而到医院看病，常常是如此频繁的看诊和吃药，但吃药也仅仅是在止咳及止流鼻水而已，等停药了症状又复发了。所以我常建议有过敏体质的小孩可以改服用中药。中药有改善小孩体质的作用且临床上服用中药的小孩感冒时比较不会致发气喘的发作。另外对于小孩的居家环境一定要整理干净，尽量降低灰尘的污染，因为有过敏体质的小孩，其气管黏膜一直存在着过敏的发炎反应，因气管黏膜的持续过敏发炎，所以气管黏膜碰到种种的过敏因素，如家尘、动物的毛屑、棉絮、真菌、化学异味、烟味等，很容易就会打喷嚏、流鼻水、咳嗽或者严重的气喘发作等症状。另外，让孩子多运动，晒晒太阳，最好能让小孩学游泳（过敏的症状改善较明显）。再则忌食冰冷食物。若能照以上方法去做，相信你不会再抱怨"我的小孩为什么会常感冒"了。

醋与健康

食醋有益，但食醋过量和干脆大量喝醋对人体健康是极为不利的。醋又名苦酒。中医认为，醋有散瘀、敛气、消肿、解毒、下气、消食的作用，适

食　醋

量吃点醋有益健康。但若把醋当保健饮料来喝则绝对不行。因为大量喝醋不但会引起胃脘嘈杂泛酸，还会影响筋骨的正常功能，即中医所说的"醋伤筋"。从醋的化学成分分析，其主要成分是醋酸、不挥发酸、氨基酸、糖等。因此，醋有消毒灭菌、降低辣味、保护原料中维生素C少受损失等功效；还可助消化，改善胃里的酸环境，抑制有害细菌的繁殖。因此适当吃点醋对于人体健康是有好处的。但机体健康的首要条件是保持器官的正常工作。当大量喝醋时，大量的醋进入人体，将改变胃液的pH值，对胃粘膜造成损伤。身体健康者大量食醋可引起胃痛、恶心、呕吐，甚至引发急性胃炎；而胃炎患者大量食醋会使胃病症状加重，有溃疡的人可诱使溃疡发作。同时，由于醋酸的大量吸收还将会影响整个人体的酸碱平衡。正常情况下，人体血液、体液的酸碱度多应保持在pH值在7.35～7.45之间，呈弱碱性。酸性与碱性食物的摄入都将影响血液、体液的酸碱度。从生理学角度看，酸性食物摄入过多，将会引起血液、体液的酸度增高，发生酸中毒。人体内呈酸性，短时间内会感觉不适、疲乏、精神委靡等，如长期处于多酸状态，将会引起体内电解质紊乱，易诱发神经衰弱、动脉硬化、高血压和冠心病等。

而鸡、鸭、鱼、肉、蛋、糖、酒等食物在体内也会代谢分解成酸性氧化物，如与醋同时大量进食将更容易使机体环境的酸碱度发生改变，使血液和体液呈酸性，从而危害人体健康。因此，人们在食醋的同时应注意添加些碱性食物，使酸碱摄入量达到平衡。大部分碱性食物中都富含钙、锌、镁、钠等金属离子，大部分水果和蔬菜、大豆等都属于此类，尤其以橙、芦柑、苹果、香蕉、香菇、木耳、茄子、西红柿等为最佳。这类食品在人体内氧化分解后会产生带阳离子的碱性氧化物，能中和酸性物质，维持人体血液和体液的正常酸碱平衡。

醋的妙用

在醋内加上两滴白酒和一点盐,即可成为香醋。在煮肉或马铃薯时,加上少量醋就容易炖烂,味道亦好。煮甜粥时加点醋,可使甜粥更甜。擦皮鞋时,滴上一滴醋,能使皮鞋光亮持久。铜、铝器用旧了,用醋涂擦后清洗,就能恢复光泽。宰鸡杀鸭前20分钟,给鸡鸭灌上一汤匙醋,拔毛就变而易举了。玻璃上的油漆,用醋浸软后一擦就掉。丝品洗净后,放在加入少量醋的清水中浸泡几分钟,晾干后光泽如新。毛料衣服磨光的地方,用50%浓度的醋水抹,然后用湿布铺垫熨烫,亮斑即可消失。用醋拌的凉菜卫生爽口。用醋蒸熏房间,能杀菌防流感。每天用40%的醋水溶液,加热后洗头可防治脱发、头屑过多。用醋调石灰粉,涂敷腋下,每日二次能治疗狐臭。

隔夜茶不能喝吗

中国是茶的故乡,有历史悠久的茶文化。饮茶好处颇多,众所周知。

早上泡上一杯热腾腾的绿茶,幽香并伴着好心情。可放久了,幽幽的绿却变成了红色,这是什么原因呢?还能喝吗?过了夜,还能喝吗?

常听大人们说:"隔夜茶,不能喝!"更甚还有说能致癌的,理由是认为隔夜茶含有二级胺,可以转变成致癌物亚硝胺!真的是这样吗?

科学证明,这种说法是毫无根据的。应该肯定茶叶中即使有亚硝胺,也是微不足道的,我们日常食用的许多食物中,如面包、蔬菜、腌菜、咸鱼、咸肉等均含有亚硝胺,而且量较茶水中多多了。可也没见大家都不吃饭菜了。每千克肉制品中的亚硝胺含量有4~50微克,岂不是很可怕,其实非也,因为人体本身就有分解亚硝胺的功能。

再说,亚硝胺要达到每千克体重吸收100~2000毫克才有可能致癌,而且是常年持续性大剂量的服用。一般正常的进食量是不会产生如此巨大的危害性的。喝茶的数量与摄入的饭菜数量相比,更是微不足道。

因此,担心喝茶会带来亚硝胺致癌的危害是毫无道理的。

茶

另外,研究显示,茶叶中含有丰富的茶多酚和维生素C,都是亚硝胺天然抑制剂。因此喝茶还能消除其他含有亚硝胺食物带来的危害。茶叶中含有丰富的茶多酚,通过清除氧自由基,抑制脂质过氧化,对其他致癌物的抑制效果也相当明显。茶水中的维生素C和维生素E有辅助抗癌的功效。

喝隔夜茶其实并没有坏处,但是茶叶易氧化,所以隔夜茶的茶杯上往往会留有茶斑。另外,夏季温度偏高,茶叶容易被细菌污染,发霉、发馊,导致腹泻,所以此时还是不喝隔夜茶为好。隔夜茶因时间过久,维生素大多已丧失且汤中蛋白质、糖类等成为细菌、真菌繁殖的养料,故不宜饮用。

但未变质的隔夜茶在医疗上和生活上自有妙用(注意,前提是未变质!)。

抗癌、抗氧化:茶水放置时间长了会变为红褐色,这是由于茶多酚氧化成了红褐色的茶色素。研究表明,茶多酚和茶色素均有很强的抗癌、抗氧化作用,虽然说隔夜茶中维生素C的含量大大减少,但依然具有抗病作用。

止血:隔夜茶中含有丰富的酸素,可阻止毛细血管出血。如患口腔炎、舌痛、湿疹、牙龈出血等,均可用隔夜茶漱口治疗。疮口脓肿、皮肤出血也可用其洗浴。

明目:隔夜茶中的茶多酚有抗菌消炎作用,如果眼睛出现红丝,可以每天用隔夜茶洗几次。

止痒:用温热的隔夜茶洗头或擦身,茶中的氟能迅速止痒,还能防治湿疹。

生发:用隔夜茶洗头,还有生发和消除头屑的功效。如嫌眉毛稀落,每天可用刷子蘸隔夜茶刷眉,日子久了,眉毛自然变得浓密光亮。

固齿洁齿:茶水中的氟与牙齿的珐琅质钙化以后,会增强对酸性物质的抵抗力,减少蛀牙的发生;氟还能消灭牙菌斑,最好饭后两三分钟用茶水漱口。

除口臭:茶中含有精油类成分,气味芳香,清晨刷牙前后或饭后,含漱几口隔夜茶,可使口气清新,经常用茶漱口可消除口臭。

防晒:皮肤被太阳晒伤,可用毛巾蘸隔夜茶轻轻擦拭。因为鞣酸对皮肤有收敛作用,茶中的类黄酮化合物也有抗辐射作用。

去腥除油腻:隔夜茶还有特强的除腥气和除油腻的功效,吃虾蟹后用来洗手倍感清爽。

使用隔夜茶,应以不变馊(变质)为度。夏季温度高,茶水易酸败变味,如果搁置了24小时以上,最好不喝,否则会引起腹泻。

所以,隔夜茶或是冲泡时间过久的茶水,只要没有变质,是没有毒害作用的,还能保健呢!

生气为何使食欲不振

原来我们的一切举动都是受大脑皮层控制的。大脑皮层管的事情非常多,例如,人的思维、读书、看报、知识的积累、感情的表达以及具体的行动等。

尽管大脑皮层管的事情这样多,可是工作安排却井井有条。一般说来,在某一时间里只有一个中心,也就是说只处理一件事情,即使有的时候大小事情一起来,也是一件一件来解决。

大脑皮层在处理事情时,它只在有关的部位产生兴奋,而这一部位兴奋的时候其他部位就会被抑制。就如你在读书入了迷,往往会对周围的事物表现出视而不见的现象。

美 食

当我们饥饿想吃东西时，大脑皮层中想吃东西的部位就是惟一的兴奋点，其他部位都处于抑制状态。可是这时如果生了气，大脑皮层中别的部位就产生了强烈兴奋，原来管吃的部位就会被抑制，于是食欲消退，也就吃不下饭了。

醉酒是怎么回事

乙醇又称酒精，分子式为 CH_3CH_2OH，相对分子质量46.07。为无色透明液体，易挥发，有辛辣味，易燃烧，沸点为78.5 ℃，闪点为11.7 ℃，能与水以任意比例混溶。市售医用乙醇体积分数一般不低于94.58%。

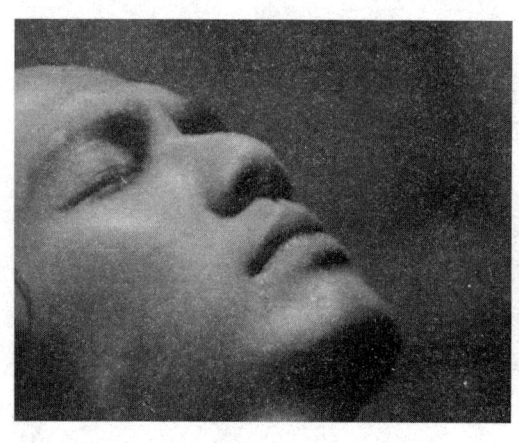

醉 酒

酒精以不同的比例存在于各种酒中，它在人体内可以很快发生作用，改变人的情绪和行为。这是因为酒精在人体内不需要经过消化作用，就可直接扩散进入血液中，并分布至全身。酒精被吸收的过程可能在口腔中就开始了，到了胃部，也有少量酒精可直接被胃壁吸收，到了小肠后，小肠会很快地大量吸收。酒精吸收进入血液后，随血液流到各个器官，主要是分布在肝脏和大脑中。

酒精在体内的代谢过程，主要在肝脏中进行，少量酒精可在进入人体之后，马上随肺部呼吸或经汗腺排出体外，绝大部分酒精在肝脏中先与乙醇脱氢酶作用，生成乙醛。乙醛对人体有害，但它很快会在乙醛脱氢酶的作用下转化成乙酸。乙酸是酒精进入人体后产生的惟一有营养价值的物质，它可以提供人体需要的热量。酒精在人体内的代谢速率是有限度的，如果饮酒过量，酒精就会在体内器官，特别是在肝脏和大脑中积蓄，积蓄至一定程度即出现酒精中毒症状。

　　如果在短时间内饮用大量酒，初始酒精会像轻度镇静剂一样，使人兴奋，减轻抑郁程度，这是因为酒精压抑了某些大脑中枢的活动，这些中枢在平时对极兴奋行为起抑制作用。这个阶段不会维持很久，接下来，大部分人会变得安静、忧郁、恍惚，直到不省人事，严重时甚至会因心脏被麻醉或呼吸中枢失去功能而造成窒息死亡。

鱼为何比肉易变质

　　1. 鱼的鳃和内脏藏菌很多而且极易腐烂。鱼一旦死亡，这些部位的细菌立刻迅速繁殖，并穿透鳃和脊柱边上的大血管，沿血管很快伸向肌肉组织。有人检查了刚杀死的鱼和刚死的鱼，发现鱼肉就不是无菌的。1 两鱼肉里有5000～16000 个细菌，它们的来源主要是鳃，可见细菌繁殖发展之快。反之，畜肉（猪、牛、羊）一般都是宰杀放血，并立即开膛去脏，减少了细菌污染的机会。经检查也证明，健康的畜肉是无菌的。

　　2. 鱼肉是被疏松的少量结缔组织分隔为很多小肌群的，细菌很容易沿着疏松的组织间隙侵入肌肉。反之，畜肉是被致密坚硬的结缔组织（即筋）包围成一束一束的，细菌比较不容易侵入肌肉。如果鱼在捕获时就已受伤，则细菌更易从伤口进入肌肉。而畜类发生这种现象就比较少。

　　3. 鱼肉含糖量一般只有 0.3% 左右，而畜肉则多半在 1% 以上。动物死后，肉里的糖即转化为乳酸，使肉酸度增高并发生僵直变硬。酸度增高和肉僵硬都起抑制细菌繁殖的作用。鱼肉因为含糖少，所以产生乳酸也少，肉酸度和僵直维持的时间都不及畜肉。鱼肉僵直时期很快消失进入自溶阶段（蛋白质分解阶段），为细菌的滋长创造了条件。

　　由于以上各种原因，所以鱼肉比畜肉容易坏。为了减慢鱼腐烂过程，对家庭来说，买到鱼后应尽快去鳞、鳃、内脏，用清水洗净血液和粘液，将肚子用一根小棍撑开，挂在阴凉通风或冰箱里，并及时腌制加工，或及时烹调做熟。

晕车是怎么回事

旅途中的孩子

运动病又称晕动病,是晕车、晕船、晕机等的总称。它是指乘坐交通工具时,人体内耳前庭平衡感受器受到过度运动刺激,前庭器官产生过量生物电,影响神经中枢而出现的出冷汗、恶心、呕吐、头晕等症状群。

内耳前庭器是人体平衡感受器官,它包括三对半规管和前庭的椭圆囊和球囊。半规管内有壶腹嵴,椭圆囊球囊内有耳石器(又称囊斑),它们都是前庭末梢感受器,可感受各种特定运动状态的刺激。半规管感受角加(减)速度运动刺激,而椭圆囊、球囊的囊斑感受水平或垂直的直线加(减)速度的变化。当我们乘坐的交通工具发生旋转或转弯时(如汽车转弯、飞机作圆周运动),角加速度作用于两侧内耳相应的半规管,当一侧半规管壶腹内毛细胞受刺激弯曲形变产生正电位,对侧毛细胞则弯曲形变产生相反的电位(负电),这些神经末梢的兴奋或抑制性电信号通过神经传向前庭中枢并感知此运动状态;同样当乘坐工具发生直线加(减)速度变化,如汽车启动、加减速刹车、船舶晃动、颠簸、电梯和飞机升降时,这些刺激使前庭椭圆囊和球囊的囊斑毛细胞产生形变放电,向中枢传递并感知。这些前庭电信号的产生、传递在一定限度和时间内人们不会产生不良反应,但每个人对这些刺激的强度和时间的耐受性有一个限度,这个限度就是致晕阈值,如果刺激超过了这个限度就要出现运动病症状。每个人耐受性差别又很大,这除了与遗传因素有关外,还受视觉、个体体质、精神状态以及客观环境(如空气异味)等因素影响,所以在相同的客观条件下,只有部分人出现运动病症状。